土壤环境管理国际经验研究

周国梅　王语懿　刘　平　等 编著

中国环境出版集团・北京

图书在版编目（CIP）数据

土壤环境管理国际经验研究/周国梅等编著. —北京：中国环境出版集团，2019.6
ISBN 978-7-5111-4015-9

Ⅰ. ①土… Ⅱ. ①周… Ⅲ. ①土壤环境—环境管理—研究—世界 Ⅳ. ①X21

中国版本图书馆 CIP 数据核字（2019）第 118408 号

出 版 人 武德凯
责任编辑 殷玉婷
责任校对 任 丽
封面设计 宋 瑞

出版发行 中国环境出版集团
（100062 北京市东城区广渠门内大街 16 号）
网 址：http://www.cesp.com.cn
电子邮箱：bjgl@cesp.com.cn
联系电话：010-67112765（编辑管理部）
发行热线：010-67125803，010-67113405（传真）
印 刷 北京市联华印刷厂
经 销 各地新华书店
版 次 2019 年 6 月第 1 版
印 次 2019 年 6 月第 1 次印刷
开 本 787×960 1/16
印 张 12
字 数 206 千字
定 价 50 元

编委会

前言

根据联合国粮农组织 2018 年发布的报告《土壤污染：隐藏的现实》(Soil Pollution: Hidden Reality）显示，人类的生产生活活动以及城镇化的快速发展，给土壤环境带来了严重的危害。如澳大利亚现在大约有 8 万处污染场地，欧洲经济区和西巴尔干半岛大约有 300 万处潜在污染场地，美国超级基金重点污染名单里已经收录了 1 300 处场地。土壤污染并非最近才引起人们重视，早在 20 世纪 60 年代末，日本官方首次承认“痛痛病”的病因是金属镉污染土壤；70 年代末，美国爆发“拉夫运河事件”，是人类历史上典型的填埋污染事故。在土壤污染事件的催生下，许多国家都开始采取措施保护土壤环境。

我国在土壤环境管理方面开展了很多工作，进行了许多有益的探索。但粗放型经济发展方式、不合理的产业布局带来了复杂严重的环境问题，加上土壤污染具有累积性、不可逆转性和难治理性等特点，我国土壤环境总体情况仍不容乐观。2014 年 4 月环境保护部和国土资源部发布的《全国土壤污染状况调查公报》显示，部分地区土壤污染较重，耕地土壤环境质量堪忧，工矿业废弃地土壤环境问题突出。全国土壤总的点位超标率为 16.1%，其中镉污染点位超标率为 7.0%，“滴滴涕”点位超标率为 1.9%。同时，我国土壤环境管理基础十分薄弱，面临“家底”不清晰、立法相对滞后、环境质量标准亟待修订、监管能力不足、责任不清晰等问题。对此政府高度重视，最近几年采取了一系列措施，加强了土壤环境管理，土壤环境管理体系经历了从无到有、从弱到强、逐渐发展完善的过程。

2016 年，《土壤污染防治行动计划》发布，对我国土壤污染防治工作做出了全面战略部署，规定了以风险管控为核心思想的防治策略，并渗透到立法、标准制定等环节中。《土壤环境质量　农用地土壤污染风险管控标准（试行）》和《土壤环境质量　建设用地土壤污染风险管控标准（试行）》于 2018 年 8 月发布，同月，我国还发布了《土壤污染防治法》，这是我国首次制定专门的法律用以规范防治土壤污染。该法律于 2019 年 1 月 1 日起施行，填补了我国土壤污染防治专项法律的空白。此外，生态环境部还发布了一系列办法、条例，逐步建立和完善了我国基于风险的土壤环境管理体系。

固体废物管理是土壤环境管理的重要内容。来自农业生产、城市生活等活动的固体废物中含有大量的有害化学物质和微生物，长期露天堆放，其有害成分在地表径流、雨水的淋溶和渗透作用下通过土壤孔隙向四周和纵深的土壤迁移，被土壤吸附，所以随意堆放的垃圾是土壤污染的重要来源之一。不合理的垃圾填埋也会给土壤造成危害，尤其是垃圾渗滤液，将严重污染土壤和地下水。

在土壤环境管理方面，许多发达国家先于我国，在经历了严重的土壤污染事故后建立了较为完善的管理体系，积累了丰富的经验，值得我国借鉴。美国于 1980 年便通过了《超级基金法》，逐渐形成了较为完善的法律体系。欧洲早在 1972 年就颁布了《欧洲土壤宪章》，之后又在 2004 年制定了一系列政策和规定，并十分注重土壤风险管控。日本的土壤环境问题曾经十分突出，经过半个多世纪的努力，日本已经形成比较成熟的土壤环境质量标准体系，其标准制定的目标、思路和方法值得借鉴。韩国在垃圾管理方面建立了完善的法律体系，并成功实施了垃圾分类和从量收费制度，达到了垃圾减量和有效回收。德国、荷兰等发达国家也有许多做法值得学习。

作为生态环境部开展环保国际合作的主要支持机构，对外合作与交流中心

（中国—东盟环境保护合作中心）充分发挥自身优势，围绕我国土壤环境管理体系的建设需求，开展了一系列研究和探讨，分析了美国、欧盟、日本等国家和地区的管理经验，为我国建立完善土壤环境管理的法律、质量标准体系等提供了政策建议。本书将上述研究成果汇总整合编辑出版，第一部分介绍了国外较为完善的土壤环境法律制度体系；第二部分针对土壤环境管理制度和污染防控经验进行分析，重点介绍了基于风险的土壤环境管理体系及评价标准，并介绍了危险废物、生活垃圾和农村垃圾污染的管理经验；第三部分介绍了土壤污染治理与修复的紧迫性以及国际经验，并以“东芝加哥市铅污染事件”为案例分析了美国应对土壤污染事件的策略。希望本书的出版，能够为我国开展土壤环境管理有所启示。

本书在研究过程中，得到了生态环境部国际合作司等相关部门的指导和大力支持。郭敬、宋小智、张洁清、史庆敏等在研究和报告的撰写过程中提出了很多指导意见，在此表示感谢。

编委会

2019 年 4 月

目录

第一章　健全法律制度，保护土壤环境

第二章　严格环境管理，防控土壤污染风险

第三章 加强污染场地修复，保护公民健康

第一章

健全法律制度，保护土壤环境

一、国外土壤保护法律制度经验及启示[①]

1　土壤污染的危害和特点

自然科学中定义的土壤污染，指的是人类活动产生的污染物进入土壤，产生土壤环境质量现存的或潜在的恶化，对生物、水体、空气和人体健康产生危害或可能有危害的现象。

土壤对人们的生产生活意义重大，土壤污染将带来多方面的危害。

（1）危害人体健康。土壤污染直接危害到农产品食用安全，长期食用受污染农产品可能会对人体造成损害。

（2）危害生态环境安全。土壤污染影响土壤植物、动物和微生物的生存安全和繁衍，影响其生态过程和生态系统服务功能。随着土壤水分转移，还可能造成地下水环境污染。

（3）影响社会经济发展。土壤污染会影响作物生长，造成减产，或者影响农产品质量，严重威胁国家“米袋子”和“菜篮子”民生工程。我国每年因土壤污染造成农产品减产和重金属超标的损失可达200亿元。

大气污染、水污染和废弃物污染等问题一般都比较直观，通过感官就能发现。而土壤污染则不同，土壤环境是一个开放的系统，土壤环境质量受多种因素影响。土壤污染的主要来源包括工矿企业污染排放和农业生产活动，具有以下特点。

①发生的隐蔽性；

① 本文作者：刘平、周国梅。

②形成的复杂性；

③毒害的持续性；

④诊断的特殊性；

⑤修复的艰难性。

其特点造成了土壤污染责任落实的困难，为完善责任落实，有效治理土壤污染，需要相关法律制度的完善。

2 我国土壤污染防治立法现状

2014 年，环境保护部和国土资源部联合公布了《全国土壤污染状况调查公报》，我国的土壤环境状况不容乐观。土壤污染总点位超标率为 16.1%；部分工业发达地区土壤污染超标问题严重；农业土壤环境堪忧，点位超标率为 19.4%，污染面积达 1.5 亿亩[①]，也给食品安全带来威胁。

2018 年 8 月，十三届全国人大常委会第五次会议全票通过了《土壤污染防治法》。该法规定，污染土壤损害国家利益、社会公共利益的，有关机关和组织可以依照《环境保护法》《民事诉讼法》《行政诉讼法》等法律的规定向人民法院提起诉讼，自 2019 年 1 月 1 日起施行。在此之前，我国的土壤保护相关法律规定主要分散在各部门法中，主要有《中华人民共和国环境保护法》《刑法》《土地管理法》《土地管理法实施条例》《水土保持法》《土地复垦条例》《基本农田保护法》《农药安全使用标准》《农用污泥中污染物控制标准》《农田灌溉水质标准》及大气、水、固体废物污染防治法等。

国外许多国家在最近几十年积累了丰富的土壤污染防治经验，具有相对完善的法律体系，对于我国今后逐渐完善土壤污染防治法律体系、建立健全土壤环境管理机制具有重要意义。

① 1 亩≈666.7 m^2。

3 国外土壤环境管理法律制度

3.1 美国

美国主要是通过污染物和污染源控制法律以及相应的联邦和州行动计划的制定和实施，来进行土壤污染防治的法律控制。美国为土壤污染防治制定的各项立法的核心和基础是《超级基金法》。1980 年“拉夫运河（Love Canal）污染事件”的爆发直接促使美国颁布了《综合环境反应、补偿和责任法》（CERCLA），即《超级基金法》①。

在《超级基金法》颁布后，针对环境问题发展过程中出现的新问题，美国也陆续颁布了一些修订版和补充法案，如《超级基金修订和补充法案》（SARA）以及《小企业责任减免与棕色地带复兴法》（即《棕色区域法》）②，阐明了污染的责任人和非责任人的界限，并制定了适用于该法的区域的评估标准，保护了无辜的土地所有者或使用者的权利，为促进“棕色地块”（Brownfield Land）开发提供了法律保障[1]。此外，美国的《固体废物处置法》《清洁水法》《安全饮用水法》《有毒物质控制法》等法律也涉及土壤保护，共同形成了较为完备的土壤保护和污染土壤治理法规体系。

《超级基金法》主要意图在于修复全国范围内的污染地块，明确清洁费用的承担者；规定包括土地厂房和设施等不动产的污染者、所有者和使用者应以追溯既往的方式承担法律上连带、严格、无限责任；制定了“危险物登记评估体系”和“国家优先名单”的运作方式，并建立了“超级基金”以资助“棕色地块”的管理和修复；对土壤污染采取“谁污染，谁治理”的原则，同时明确了政府的责任，规定了美国国家环保局（EPA）根据《超级基金法》实施整治行动时的具体程序。

“超级基金”的管理制度采用了专业管理和公众监督相结合的方式。美国政府设立了由环境技术专家、环境法律专家、管理专家等组成的专门的基金管理机构，

① 根据《综合环境反应、补偿和责任法》，美国建立了名为“超级基金”的信托基金，旨在对实施这部法律提供一定的资金支持，故也称作《超级基金法》。

② 《小企业责任减免与棕色地带复兴法》对“棕色地块”作出明确定义：是指因含有或可能含有危害性物质、污染物或致污物而使扩张、再开发或再利用变得复杂的不动产。

进行日常管理和基金使用。

此外，《超级基金法》还建立了社会公众对环境治理基金的监督管理机制，让公众参与基金的募集、投资和使用。

3.2 加拿大

在过去 100 多年里，加拿大的污染土地数量也随着工业化的快速发展达到了数百万处[2]。

从 20 世纪 80 年代开始，加拿大环境保护委员会（CCME）对土地污染问题就非常关注。1989 年，CCME 启动了为期 5 年、投资 2.5 亿加拿大元的《国家污染场地修复计划》（NCSRP）。该计划主要集中于两个方面：一方面是污染责任的分配，建立了污染土地责任分配管理 13 条原则，其中“污染者付费”是制定污染土地修复政策和法律的首要原则；另一方面是污染土地的评估和修复。CCME 基于已有的土壤和地下水标准，按照不同的功能分区对土壤中污染物质的含量进行限定。采用“国家分级系统”评价场地对人体健康与环境有无造成立即或潜在威胁的可能性，对场地进行分级，并按需要排列需采取修复行动的优先次序[3]。

加拿大不列颠哥伦比亚省（BC 省）的污染场地修复立法借鉴了美国《超级基金法》的经验并吸取其教训，逐渐形成了有自身特点的污染场地修复法律制度，主要由两部分组成：《环境管理法》中的“污染场地修复”部分和《污染场地条例》。《环境管理法》中的“污染场地修复”以专章的形式出现，几乎涵盖了污染场地修复的全部基本法律制度和基本原则，成为 BC 省修复污染场地最主要的法律依据。现行的《污染场地条例》于 2011 年 5 月 31 日正式生效。

BC 省对污染场地识别实行场地现状登记和污染场地认定制度，后者是追究修复责任的前提。BC 省规定修复责任主体对因修复污染场地发生的合理成本承担绝对的（Absolute）、可追溯（Retroactive）的连带（Joint and Separate）责任。同时规定对于无法确定责任人或者责任人无力承担修复责任的场地，即无人照管的场地，由环保部门负责修复，修复所需费用统一由税收基金支出。

BC 省规定实行场地修复批准合格制度，即责任人向主管者申请批准修复计划和场地修复完成的合格证明的制度。责任人应该就修复计划向主管者提交申请，主管者作出是否批准的决定。

BC 省规定，主管者有权命令责任人自费准备对修复建议进行公共协商或者对修复活动进行公共审查。实施这一制度，充分保证了公众对场地调查报告、修复替代评价、修复计划和场地登记认定的相关文件的知情权，起到对整个修复活动进行监督的作用，也调动了公众的积极性[4]。

3.3　英国

英国作为一个工业化长期发展的国家，有很严重的土壤及地下水污染问题。20 世纪中叶，英国开始陆续制定相关的污染控制和管理的法律法规。70 年代，英国政府开始关注“棕色土地”（Brownfield Land）问题。在英国，“棕色土地”不仅指被污染的土地，而且还包括所有已开发的土地，即在城市和农村地区的永久性建筑以及任何与之相关的地面基础设施所占用的土地，以前的军事用地和一些用于矿山冶炼、垃圾处理的土地[5]。

20 世纪 70 年代后，英国的立法指导思想逐渐转为通过制定标准来避免产生环境问题的污染预防，立法主要遵循可持续发展、污染者付费、污染预防 3 个基本原则，据此形成了环境影响评价体系、综合污染控制和环境管理标准。依靠和运用法律手段特别是采用环境标准是英国环境控制体制的核心，并且形成了一套法规体系[6]。

2000 年修订实施的《环境保护法》是英国土壤污染防治最重要的法规，是规范当污染土地现行利用与状况对人类健康和野生动物产生无法接受的危害时的鉴定与恢复整治步骤与措施的依据，包含针对特殊污染场址、整治的公告通知、救济程序与记录等。其增加的 Part Ⅱ A 专章①，专门规范土壤污染治理问题，为英国确定、评估和修复污染场地建立了一个新的规则体系，其主要内容包括将风险评估的观念纳入土壤污染的评估，并明确受污染场址的定义。其评估包括对人体的暴露程度、化学性质、毒理学上的特性、相关环境物理学、污染物对环境的影响、污染物来源—途径—接受者的联结关系等[6]。2000 年，英国制定《污染场地条例》，并颁布了《关于污染场地管理的导则》作为该条例的具体实施文件。

与美国一样，英国的土壤污染防治立法规定了严格的法律责任，规定包括土地厂房、设施等不动产的污染者、所有者和使用者应以追溯既往的方式承担连带、

① 即第二部分“污染的土地和废弃的矿山”，共 26 个条款，明确基于成本效益原则，解决污染场地问题。

严格、无限责任，并规定由实际污染者、使用者或土地的所有者承担整治责任。同时规定，当无法查明造成污染的嫌疑者时，即将该场址公告为“孤儿场址”（Orphan Site），由环保局负责整治。

英国的土壤立法强调发挥政府管理部门的职能作用，要求政府管理部门采取各种行政措施，积极推动土壤污染治理修复和管理。同时，划清中央和地方政府的职权和责任，充分发挥地方政府的积极性。

在污染场址的调查、风险评估和治理修复中，英国注重发挥公众参与的作用，通过公众参与决定污染场址整治方式、标准及再利用用途；并对污染场地的调查结果、风险评估情况、采取的治理措施以及任何有关污染场地的相关诉讼情况实施登记，向公众公开。此外，英国重视养殖污染的整治，强调对畜禽粪便的处理。

3.4　德国

德国工业化的历史悠久，在工业化过程中，德国留下了许多污染场地，有15%～20%的土地被怀疑可能受到污染。截至 2002 年，德国境内大约有 36.2 万处场地被疑作污染场地，面积 12.8 万 hm^2[7]，严重阻碍了所在地区的经济发展，并增加了投资的风险。

后工业化时代，土壤保护已成为德国环保的重要工作，1985 年制定了德国土壤保护战略，明确了扭转土地恶化趋势、降低污染物侵入等土壤保护目标。目前，德国已逐渐形成以欧盟相关土壤保护指令和政策为指导，以《联邦土壤保护法》为核心，以《联邦土壤保护与污染场地条例》《肥料法》《循环经济与废弃物管理法》《联邦污染控制法》和《土壤评价法》等联邦法律为配套，以地方各州土壤保护法为补充的土壤环境保护立法体系。

《联邦土壤保护法》是德国唯一的有关土壤环境保护的单独立法，是德国土壤环境保护领域的基本法，于 1998 年 3 月颁布，1999 年 3 月正式实施，主要包括总则、原则与义务、关于污染场地的补充规定、农业土地利用和最终条款 5 部分共 26 条，针对污染地恢复的调查研究和恢复计划制定了一系列条款。为有效执行该法，1999 年 7 月，德国又颁布了土壤保护的具体法律举措——《联邦土壤保护与污染场地条例》，规定了污染的可疑地点、污染地和土壤污染调查评估的具体要求，并根据不同的土壤用途详细规定了不同的启动值标准，风险预防值的评价指标和允许附加污染额度等，为确认和评估整治污染地搭建了基本框架。

在土壤修复方面，德国的理念是保护土壤的特殊功能，而不是土壤本身，对不同功能的土地，区别对待。根据这一理念，德国现有 30 万处土地需要治理，但真正需要采用技术改造的只占 10%左右。《联邦土壤保护法》对修复责任的义务人进行了细致规定，规定修复责任人为引起土壤有害性改变或场地污染的一方、该方所有的继受者、相关财产所有者以及相关不动产的使用者[8]。

德国建立土壤污染信息传递制度，规定联邦政府与各州应当进行数据传输与共享，信息和数据不得在个人之间传输，并由各州传来的土壤状况信息资料建立全国土壤状况信息系统，收集并分析土壤功能、质量、污染情况的信息，为联邦和各州制定土壤污染预防和治理措施提供支持。

此外，德国还设立土壤污染基金，为联邦各州从事与污染场地有关的投资提供财政支持，资金来源主要为持久性有机污染物税收和废弃物特别收费。同时，教育、信息公开和宣传在德国土壤防治中也发挥着重要作用[9]。

3.5 荷兰

荷兰是欧洲发达国家之一，是欧盟成员国中最先就土壤保护立法的国家之一，长期的工业化发展导致的土壤（场地）污染问题在 20 世纪 80 年代开始凸显。1980 年，荷兰南荷兰省的“莱克尔克土壤污染事件”①促使荷兰于 1983 年颁布《土壤修复（暂行）法案》。

荷兰不断完善土壤污染防治思路。1983 年发布的《土壤修复（暂行）法案》规定全国统一的土壤修复限值，要求修复后土壤污染物含量必须低于统一制定的修复限值标准，导致土壤修复成本大幅增加，大量污染土地因未能达到修复规定标准值而开发严重滞后。1987 年，荷兰修订发布了《土壤保护法》，调整了对土壤环境管理的理念，用基于特定场地利用风险确定的修复标准值替代基于统一修复标准值。同时，修订后的法律规定，政府原则上不再为污染场地埋单，污染土壤的污染责任方应为污染土壤的修复承担责任。1994 年，荷兰对《土壤保护法》

① 1980 年，荷兰南荷兰省莱克尔克西部住宅区地下水管破裂，继而发现该住宅区建造于一处有害废物填埋场上方，住宅下方土壤受到含二甲苯、甲苯等有毒化学品的严重污染。事发后，政府对住宅下方和周边污染土壤进行了挖掘清理，从土壤中清除了 1 600 多桶有害化学品。2008 年 1 月，莱克尔克场地清理和修复完工，共花费 1.88 亿荷兰盾（约合 6.6 亿元人民币）。

进行了重新修订，建立了基于风险的标准值体系。2000 年，荷兰发布用于土壤修复的目标值和干预值。2008 年，荷兰修订发布了《土壤修复通令》，规定 1987 年 1 月 1 日前的历史性污染土壤，基于风险评估实施监管，土壤修复的目标是保障土壤环境质量满足特定用地方式的安全利用。2013 年，荷兰修订发布《土壤修复通令》，规定了土壤修复工作程序（图 1）。

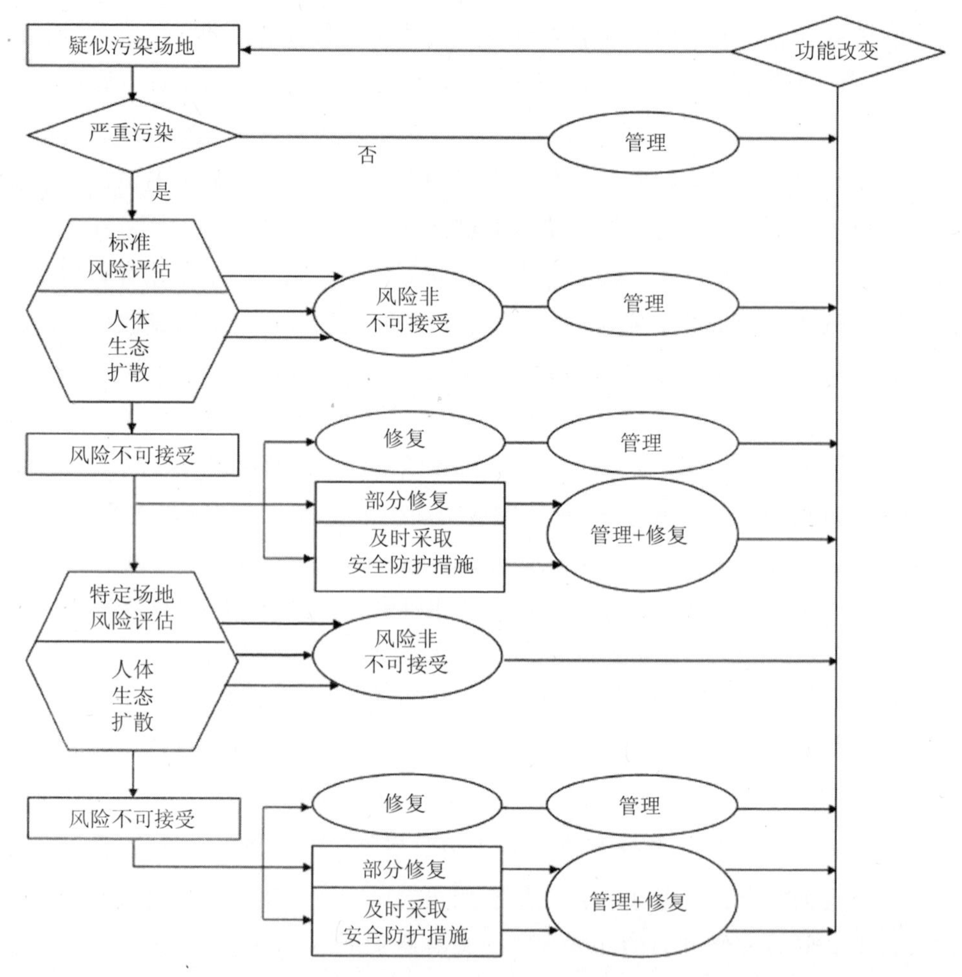

图 1　荷兰土壤修复工作程序

从一开始的“一刀切”修复到统一“标准值”，再到基于风险评估实施修复管理，荷兰不断完善土壤污染防治思路，最终建立了以土壤环境保护法和土壤环境标准为核心，以土壤环境调查、风险评估、治理修复等为关键环节的技术体系和监管制度[10]。

在风险评估中，荷兰建立了包括目标值（Target Values）和干预值（Intervention Values）的标准值体系。土壤中污染物的含量限值超过干预值标准，表明土壤污染可能存在风险，需要开展进一步调查评估，根据调查评估结果决定是否需要采取治理修复①。荷兰制定的土壤干预值实用性强，对欧洲影响极大，早期英国、法国、德国、比利时等国家的土壤治理都采用了荷兰干预值作为评估标准或者修复目标。

荷兰对土壤环境实行全过程管理。坚持预防优先，对化工企业、加油站、化学物质储存设施等提出严格的土壤污染预防要求，对农业生产中化肥、杀虫剂等农药的使用提出严格标准。实行可持续管理，将 90%受污染的土壤纳入了可持续管理。开展土壤污染修复，确定了“谁污染，谁治理”原则、场地所有者负责原则、“谁受益，谁负责”原则、修复成本和环境风险相平衡原则。

另外，荷兰的土壤环境管理涉及环保、国土、司法、农业、水利等部门。其中，荷兰环保部门主要负责组织制定土壤环境管理的法规制度和标准，负责组织对土壤修复方案和风险评估结果进行审查，对存在风险的场地提出建议意见，相关部门根据评估意见采取相应的对策措施。如农业用地存在风险，环保部门只需要提出建议意见，农户对其农产品质量负责，农业主管部门对农产品质量进行检测和监管。

3.6　日本

“世界八大环境公害事件”有一半发生在日本，其中日本“痛痛病事件”和“水俣病事件”分别由镉和汞等重金属污染造成，直接威胁食品安全，损害公众健康。截至 1997 年，日本官方公布“水俣病事件”受害者高达 12 615 人，死亡 1 246 人[11]。土壤重金属污染受到日本政府和民众的极大重视，日本逐渐建立了完善的法律、法规。

① 并不是对所有的污染土壤都进行修复，而是根据农业、居住、工业等不同的土地利用方式及土壤质量标准，确定土壤污染物的背景值和干预值，只对超过干预值的土壤修复，受到污染但没有超过干预值的土壤纳入可持续土地管理。

日本的土壤污染防治法律分为专门法律和相关法律两部分内容。专门法律包括《农用地土壤污染防治法》和《土壤污染对策法》，通过这两部法律，系统完整地规定了土壤污染防治和管理措施。相关法律包括《农药取缔法》《肥料取缔法》《公害对策基本法》《大气污染防治法》《水质污浊防治法》《日本废弃物处理法》《化学物质审查规制法》《环境基本法》《环境影响评价法》《二噁英类物质对策特别措施法》《食品安全基本法》等，相关法律中对土壤环境管理的涉及，起到查缺补漏、防治特殊污染状况的作用[12]。

《土壤污染对策法》是土壤污染防治的主要法律依据，于 2002 年 5 月颁布，2013 年正式实施，共有 8 章，对土壤污染调查及其机构、污染区域划定、污染土壤的移出、污染惩治等内容进行了规定。为了有效执行该法，2002 年 12 月，日本还颁布了《土壤污染对策法实施细则》。此后，根据该法实施的土壤污染调查、污染土壤区域指定以及修复土壤案例大幅增加，仅 2014 年 4 月至 2015 年 3 月受调查的土壤污染场地就达 826 处，532 个区域出现环境质量超标现象[13]。

《农用地土壤污染防治法》主要针对农业用地的土壤环境保护，《土壤污染对策法》主要针对城市用地土壤环境保护，针对城乡不同污染特点实施不同的防治对策，同时辅以相关标准技术规定，形成了一套综合性的法律体系。同时，日本的法律还规定了严格的法律责任，土壤的所有人和使用人都是污染土壤的责任主体，而且只要产生污染，不管行为人主观意识是否故意，都要追究责任。当责任人不能立即执行土壤修复时，相关机关可以代其执行，然后继续追责。此外，法律还规定了溯及既往、连带的追责原则。日本还注重发挥公众参与作用，日本建立了土壤污染调查登记簿，群众有权查阅监督。日本的土壤污染防治法律体系中规定了一系列的预防原则条款，《土壤污染对策法》对调查的地域范围、超标地域的确定、调查机构、支援体系、报告及检查制度（杂则）进行了规定，并规定了成为土壤污染调查对象的土地条件及消除污染的土地基准等。该法案运用环境风险应对的观点，对工厂、企业废止和转产及进行城市再开发等事业时产生的土壤污染进行了约束。进一步加强了对预防原则、政府职责、土地标准的划分、激励机制等的规定[1]。

3.7　韩国

20 世纪 60 年代以来，快速的工业化给韩国带来了严重的土壤污染问题，为解决土壤污染问题，韩国制定了《土壤环境保护法》，该法于 1995 年颁布，之后经过多次修订。为该法的有效执行，韩国又于 1999 年颁布了《土壤环境保护法实施细则》[14]。《土壤环境保护法》的主要目的是防止土壤污染给公众健康带来危害，保护土壤生态环境，清洁污染土壤，为韩国国民提供健康舒适的环境。其内容包括制订土壤保护实施计划、确定土壤污染等级、土地的征收与利用、损失的赔偿、土壤环境评价、污染损害的严格责任、土壤污染报告、受特定土壤污染控制的设施的报告、土壤污染检测、责令安装针对特定土壤污染的控制设施、污染治理措施、污染对策标准、指定需保护区域、指定并执行防治计划和项目、限制土地利用行为、相关机构及业务的指定、执行代理机构、惩罚措施等。

借鉴美国《超级基金法》的经验，2001 年，韩国对《土壤环境保护法》进行了修改，规定了在买卖或者租赁涉及污染土壤的设施时，购买人或者租赁人必须对土壤环境申请环境评估。2003 年，韩国 5 家石油公司与政府达成协议，须在 1 年内监测加油站和储油罐地下土壤环境状况，并在随后的 10 年内，每 3 年开展一次类似的调查，如果发现不达标的地块，须在 1 年内进行环境修复至达到标准[15,16]。

韩国《土壤环境保护法》只有单一的土壤污染整治功能，内容仅限于对污染土壤的监测、调查及净化。

3.8　澳大利亚

澳大利亚大多数地区气候干旱，加上耕作放牧，导致土壤植被覆盖减少、沙化严重、土壤侵蚀严重。其土壤污染主要来源于水污染以及农牧业中化肥、农药的使用。

澳大利亚的综合性立法较少，主要是一些单项立法，属于“大环境法”的模式。与土壤环境保护相关的法律主要有 1973 年颁布的《海洋和淹没土地法》，1974 年颁布的《国家拨款（自然保育、土壤保育）法》，1981 年颁布的《矿物（淹没土地）法》；在地方层面，新南威尔士州还制定了《土壤保育法》，1976 年制定了

《土地委员会法》，1979 年制定了《土地与环境法院法》等。环境法主要通过行政执法、法院司法予以实施。

根据内容，澳大利亚的土壤环境保护相关的法律主要分为四类：一是有关环境规划和污染防治的法规，包括土地利用规划、环境影响评价、危险物品控制和污染防治等法规；二是保护自然遗迹和人文遗迹的法规；三是开发、利用和管理自然资源的法规；四是在相关法规，包括职业安全、劳动保护、消费者权益保护和刑事法律中有关环境保护的规定。

澳大利亚很重视从整个生态维护的层面进行土壤污染防治，如对国内某些区域的土壤通过设立保护区的办法进行重点保护。根据 2002 年澳大利亚环保部的统计，各类陆地保护区共设有 6 755 个，面积约 77 万 km^2，占国土面积约 10.08%。

此外，澳大利亚也十分重视公众参与，并通过提供微灌技术、卫星技术等技术支持促进公众参与度[1]。微灌技术是对土地具有保护性的灌溉技术，基本不用人工合成的肥料、农药、调节剂等，尽可能地减少了土壤污染。为防止土地退化，卫星及“3D”技术对荒漠化发展趋势进行了大尺度监测评价，为合理利用土地资源、制定科学的规划发挥了重大作用。

4 经验启示

我国新修订的《土壤污染防治法》已经于 2019 年 1 月 1 日起施行，国外的法律制度对进一步完善并严格落实法律法规具有重要的借鉴价值。

4.1 继续健全完善法律法规

一是建立污染场地识别、风险评估以及风险管控制度。污染场地认定是追究修复责任的前提。德国建立了“启动值”“行动值”“风险预防值”等阈值体系，荷兰制定了目标值和干预值的标准值体系，美国建立了“危险登记评估体系”，加拿大建立了“国家分级系统”，建议借鉴以上国家的经验，针对不同的土壤用途，建立适合我国国情、宽严适中的土壤风险评估体系和风险管控制度。

二是建立土壤环境信息管理制度。准确的信息有利于对土壤污染更好的预测，有利于污染场地再开发，有利于修复责任的判断。《土十条》提出利用环境保护、国土资源、农业等部门相关数据，建立土壤环境基础数据库，构建全国土壤环境信息化管理平台，但是对数据传递规则并未做出相关规定，难以保障土壤污染状况数据信息的准确性与权威性。建议参考德国的做法，规定信息和数据限于地方与中央之间共享，不得在个人之间传输。

4.2 设立土壤污染防治专项基金

对于责任主体灭失或责任主体不明确的，我国《土十条》规定：“由所在地县级人民政府依法承担相关责任。”这将给地方政府造成巨大负担，而在地方政府无力承担高昂的修复费用时，土壤污染的治理也变得难以实现。没有资金保障，一切都是空谈。

设立土壤污染防治专项基金，是各国土壤污染防治法律的重要内容。专项资金可以保证污染的土壤得到妥善处理，避免因追责时因长期诉讼延误治理进程。建议设置我国的土壤污染防治专项资金，对责任主体不明确保明确或者责任人无力承担修复费用的污染土地提前进行治理，与此同时，保留向污染者追偿的权利。基金的来源可借鉴美国《超级基金法》的规定，包括税收、常规拨款、从污染责任者追讨的修复和管理费用、罚款、利息及其他投资收入等。

4.3 划清土壤污染防治有关部门的权限和职责

我国的土壤污染防治涉及环保部门、农业部门、国土资源部门等，存在多头管理、权责不清的问题，不利于部门间各司其职、相互配合。荷兰也存在这个问题，因此在土壤污染防治立法过程中，建议划清有关部门的权限和职责。环保部门主要负责组织制定土壤环境管理的法规制度和标准，负责组织对土壤修复方案和风险评估结果进行审查，对存在风险的场地提出建议意见，相关部门根据评估意见采取相应的对策措施。

4.4 实行信息公开，加强公众参与

美国、英国、日本、韩国、加拿大、荷兰、澳大利亚等国在土壤的管理中都非常注重公众参与和信息公开。如美国在风险评估、整治技术及标准、整治单位、土地利用规划方面都由中央政府、地方政府、社区居民与专家学者通过会议、座

谈等方式商讨。日本建立了土壤污染调查登记簿，群众有权查阅监督。加拿大 BC 省规定，主管者有权命令责任人自费准备对修复建议进行公共协商或者对修复活动进行公共审查。

参考文献

[1] 戚道孟. 国外土壤污染防治立法及对我国的启示[A]. 2007 年全国环境资源法学研讨会年会论文集[C]，2007.

[2] NRTEE. Cleaning up the past，Building the future：a national brown field redevelopment strategy for Canada[R]. Ottawa：NRTEE，2003.

[3] 赵沁娜，杨凯. 发达国家污染土地置换开发管理实践及其对我国的启示[J]. 环境污染与防治，2006，28（7）：540-543.

[4] 胡静. 浅析加拿大不列颠哥伦比亚省污染场地修复立法历程[J]. 世界环境，2016，3：71-73.

[5] 刘志全，石利利. 英国的污染土地风险管理与修复技术[J]. 环境保护，2005（10）：69-73.

[6] 李顶一，姚先铭，左家哺，等. 关于英国工矿区土壤重金属污染治理的考察报告[J]. 湖南环境生物职业技术学院学报，2009，15（4）：40-45.

[7] Risk assessment for contaminated sites in Europe. Land Contamination & Reclamation，1999，7（2）.

[8] 韩梅. 德国土壤环境保护立法及其借鉴[J]. 社会与法制，2014（10）：239-246.

[9] 瞿文. 德国制定专门法律保护土壤[N]. 粮油市场报，2016-04-28.

[10] 王国庆. 荷兰土壤/场地污染治理经验[J]. 世界环境，2016，4：25-26.

[11] 苍鹘. 日本重金属污染事件启示录[N]. 羊城晚报，2013-06-01.

[12] 周芳. 日本土壤污染防治政策研究[J]. 世界农业，2014，11：47-52.

[13] 邱秋. 日本、韩国的土壤污染防治法及其对我国的借鉴[J]. 生态与农村环境学报，2008，24（1）：83-87.

[14] 李方. 国外土壤污染防治及其对我国的启示[J]. 农村经济与科技，2013，24（11）：8-9.

[15] 2003 Top News on Environment in Asia[R]. IEGS，2004.

二、美国土壤环境管理法律体系对我国的启示①

第 68 届联合国大会将 2015 年定为“国际土壤年”（International Year of Soils，IYS）。2015 年 7 月，在中国还召开了战略与决策高层论坛“土壤与生态环境安全——国际土壤年在中国”主题活动。时任环境保护部副部长李干杰参加论坛，并作了题为《推进土壤污染防治立法　奠定生态环境安全基石》的主题报告。他指出，土壤污染防治立法是贯彻落实党中央、国务院建设生态文明重大决策部署的具体行动，是有效遏制土壤污染加重趋势的关键环节，是明确并落实各方责任的客观要求，是提高公众土壤环境保护意识的现实需求，具有十分重要的意义。

随着经济快速发展和高强度的人类活动，我国土壤污染状况也更加严重和复杂。同时，土壤污染又具有隐蔽性、滞后性等特点，往往土壤污染发生较长时间以后才被发现，查明污染来源和责任界定成为一大难题。按照一般的环境污染责任追究往往很难达到良好的效果，故需要在土壤污染防治法律体系中采用更加严格的责任制度。明确责任制度，不仅能够起到规范和约束的作用，提前预防污染的发生，而且为执法和落实治理行为明确了责任主体。发达国家在 20 世纪 50—60 年代就开始有了农业立法和相关的土壤保护法规，有的国家还制定了专门的土壤污染保护法，在土壤污染防治保护方面已经形成了一套较为完善和系统的法律制度。国外的先进经验，对我国土壤污染法律追责制度的完善具有重要的指导意义。

美国国会在 1980 年通过的《综合环境反应、补偿和责任法》（Comprehensive Environmental Response，Compensation and Liability Act，CERCLA，又称《超级

① 本文作者：刘平、王语懿。

基金法》）是一部土壤污染防治方面的基础性法律。经过后期不断补充和修订，确立了严格、连带、溯及既往的责任原则，法律责任规定也愈加详尽。明确规定了法律责任人认定规则和责任范围，建立了超级基金保障污染治理的资金来源，并通过法律形式鼓励、保障公众参与环境保护运动。

1 美国土壤污染防治立法的产生与发展

美国在土壤环境立法方面已有较为悠久的历史。1934 年美国发生震惊世界的“黑风暴事件”，引发了土壤污染或流失将危害农业生产的担忧。1935 年美国在农业部下设了土壤保持局。同年，美国国会参众两院通过了《土壤保护法》。1976 年，美国国会制定了一部全面控制固体废物对土壤污染的法律——《固体废物处置法》（又称《资源保护和回收法 》）。20 世纪 70 年代末“拉夫运河（Love Canal）污染事件”直接促使了美国《综合环境反应、补偿和责任法》（CERCLA）的出台。该法是一部关于危险物质泄漏治理的重要立法，对于土壤污染责任的认定具有重要作用。根据该法的规定，责任人对由于有害废物和有害物质引起的损害，应当承担赔偿责任。该法对包括土地、厂房、设施等内在不动产的污染者、所有者和使用者以溯及既往的方式规定了法律上的连带严格无限责任。根据该法，美国建立了名为“超级基金”的信托基金，旨在对实施这部法律提供一定的资金支持，故《综合环境反应、补偿和责任法》也称作《超级基金法》。1986 年，美国国会通过了《超级基金修订和补充法案》（SARA），对《超级基金法》进行进一步的补充和完善。此后，该法又陆续进行了几次补充修改，包括 1992 年的《公众环境应对促进法》和 1997 年的《纳税人减税法》（表 1）。

值得一提的是，《超级基金法》首次提出了“棕色地块”（Brownfield Land）的概念。在 2002 年 1 月通过的《小企业责任减免与棕色地带复兴法》对“棕色地块”做出明确定义。“棕色地块”是指因含有或可能含有危害性物质、污染物或致污物而使扩张、再开发或再利用变得复杂的不动产。这些法案的出台标志着美国土壤污染防治法律体系的建立和日趋完善。

表 1　美国土壤污染防治相关法律

法律名称	颁布时间	主要内容
《土壤保护法》	1935 年	美国第一部土壤保护专门法律
《固体废物处置法》	1976 年；1984 年修正	控制固体废物对美国土地的污染，保护公众健康及环境，合理地回收利用废弃物。修正案增补地下储存罐管理专章
《危险废物设施所有者和运营人条例》	1980 年	这是一部实施细则，详细规定了危险废物的处理、贮存和后续管理等各个环节，进一步控制固体废物的处理处置对土壤的污染危害
《综合环境反应、补偿和责任法》	1980 年	是美国国会制定的对由于有害废物和有害物质引起的损害向公众赔偿的法律，也是美国污染防治体系的一部基本法律，其主要意图在于修复全国范围内的“棕色地块”
《超级基金修订和补充法案》	1986 年	针对环境问题发展过程中出现的新情况，美国政府颁布的一些修正和补充法案
《公众环境应对促进法》	1992 年	对公众应对土壤污染事故时的义务做出规定，并鼓励公众积极参与到土壤污染的预防与治理之中
《纳税人减税法》	1997 年	以税收方面的优惠措施，刺激私人资本投资于“棕色地块”清洁和治理，同时，该法还进一步阐明了污染的责任人和非责任人的界限，并制定了适用于该法的区域的评估标准
《小企业责任减免与棕色地带复兴法》	2001 年	阐述了责任人和非责任人的界限，给小企业免除了一定责任，制定了相应的区域评估制度，保护了无辜的土地所有者或使用者的权利

2　美国土壤污染防治法的特点

2.1　基本情况

美国为土壤污染防治制定的各项立法中，《超级基金法》是核心和基础。该法是美国国会制定的对由于有害废物和有害物质引起的损害向受害者赔偿的法律，也是美国污染防治体系的一部基本法律，其主要意图在于修复全国范围内的“棕色地块”。它与《清洁水法》《固体废物处置法》等环境法律共同构成美国环境保护法律体系。

“超级基金”有多种筹资渠道。包括自1980年起对石油和42种化工原料征收的原料税；自1986年起征收的环境税；一般的财政拨款；对与危险废物处置相关的环境损坏负有责任的公司及个人追回的费用；其他如基金利息以及对不愿承担相关环境责任的公司及个人的罚款。同时，美国联邦政府还同意美国国家环保局（EPA）对污染场地进行治理，并向责任人追回治理费用。

《超级基金法》主要规定了关于关闭的和废弃的危险废物场所的禁制和要求；排放危险废物的责任人的责任；设置信托基金，在没有可为受污染场地负责的人时，由信托基金出资治理。

《超级基金法》对两种行动予以授权：①污染清除行动。当要求对污染物泄漏或者泄漏危险迅速作出反应时，短期的去除行为。②环境修复行动。此行为属于长期活动，将永久地、显著地消除危险物质的排放或者排放危险，危险废物将带来严重污染但并不致命，这些行为只能在美国国家环保局的国家优先级表（National Priorities List，NPL）中列出的场地实施。

“超级基金”投入使用需要复杂的步骤。对于长期恢复过程，首先需要对污染场地进行评估，将其列入NPL中，制订并执行恰当的清洁计划。另外，《超级基金法》还规定在必要时美国国家环保局可采取如下行为：可以立即实施清洁行动；对潜在责任方实施强制执行；保证公众参与；协调州政府合作；保证长期的保护性。

为保证“超级基金”的顺利执行，还有很多合作机构配合。因为基金项目主要由OSWER下的OSRTI进行管理，许多项目实施便由其他机构负责。其中EPA内部的机构包括：应急管理办公室（负责“超级基金”项目范围内的短期响应，并对排放或排放危险做出紧急响应和应对准备）、场地修复和执法办公室（负责“超级基金”的执行）、联邦设施执行办公室（负责保证联邦设施能够采取有效措施防止、控制和减少环境污染）、棕色地块办公室（OSWER下设机构，负责执行“棕色地块”项目）等。还有其他政府机构，如有毒物质和疾病登记处、国家环境健康科学研究所等。

2.2 法律责任制度

美国的土壤污染防治法律确立了连带、严格、溯及既往的法律责任，对责任主体和责任范围有明确规定。连带责任使政府可以向任何一个能追溯到的责任人追索全部的治理费用；严格责任规定了无论行为人主观上是否有过错，只要发生了实际的污染损害事实，除了法律规定的免责情况，行为人必须承担责任。

2.2.1　法律责任主体

根据《超级基金法》的规定，潜在责任方是可能污染或者不恰当使用某种物品或资源的污染者。根据《超级基金修正案与再授权法》，土壤污染责任主体包括以下 4 类：①当前该船舶或者设施的所有人或营运人；②处置危险物质时拥有或营运处置设施的人；③通过合同、协议或其他方式，借助第三人拥有或营运的设施处置危险物质，或为处置本人或其他主体拥有的危险物质安排运输的人；④危险物质为发生泄漏或存在泄漏危险的处置设施接受后，负责运输危险物质的人。因为美国采用判例法系，责任主体的划分还可参照相关案例，案例中出现过的责任主体还包括：①原设施的所有者或营运人；②土地的当前所有者，在其土地上曾经设置过危险物质处理设施；③危险物质的场地外生产者；④参与危险物质处置或有关决策的公司负责人。

对于承担责任人，《超级基金修订和补充法案》做了进一步的免责规定。根据修正法案，在对购买土地开展调查的基础上，善意的购买者可以证明其在取得该设施时不知道该设施曾处置过危险废物，购入土地时应当注意确定该土地未受污染；或者在购买土地时缺乏知晓该污染存在的准确技术知识或应该知晓该污染存在的理由，即可免责。

之后颁布的《小企业责任减免与棕色地带复兴法》又明确了“无辜的土地所有者”的必备条件，以下 3 种对象符合免责条件后将不需要承担《超级基金法》规定的自然资源损害赔偿责任：①与污染源相邻的不动产所有者；②未来的善意购买者；③城镇固体废物生产者。通过补充规定，减轻了部分持续拥有者和潜在购买者的责任。

如果对污染负责者一时难以查明，修复和赔偿资金就由根据该法案专门建立的环境修复和赔偿的“超级基金”垫付，再由 EPA 向对某一个或者全部的责任者求偿。

2.2.2 责任范围

承担责任的主体范围很广，责任范围也比较广泛。《超级基金法》建立了一种新的民事责任体制，政府可以向“潜在责任人”追索环境修复费用。总统或任何州授权的代表可以“作为这种自然资源受托管理人”的公众代表身份索取损害赔偿费用，收回的费用用于恢复或者修复被损害的自然环境和资源。根据该法第107条的规定，责任主体应该就其给自然资源造成的损害、减损或者损失以及对损害、减损或者损失的评估费用承担赔偿责任，包括上述费用的利息。该法还规定，企业不再使用某土地时，需要检测这块土地是否符合生态安全标准，若不符合，企业要负责恢复土壤环境，或者支付土壤污染治理的费用，拒绝支付费用者，政府有权对其处以污染治理费用3倍以内的罚款。相较于高成本的治理费用，企业宁愿不去冒险，尽量避免土壤受到污染。

2.2.3 鼓励公众参与

“超级基金”的管理制度采用了专业管理和公众监督相结合的方式。联邦设立了由环境技术专家、环境法律专家、管理专家等组成的专门的基金管理机构，进行日常管理和基金使用。此外，还建立了社会公众对环境治理基金的监督管理机制，让公众参与到基金的募集、投资和使用中。

根据1986年的《超级基金增补和再授权法案》中的规定，公众可以自身或受害者的名义，就政府、公司或个人的环境违法行为进行诉讼。此种诉讼可以得到EPA的资助，最高资助额为1万美元。资助的资金主要用于聘请专业人士帮助公众了解环境诉讼中的相关问题，从而保障公众顺利地行使环境诉讼权利，鼓励公众积极地参与环境保护运动。1992年的《公众环境应对促进法》再次补充了鼓励公众积极参与土壤污染防治的义务和举措等内容。

3 经验启示

美国土壤污染修复法律制度的制定和实施对我国完善土壤环境立法工作具有重要的借鉴意义。

3.1 健全法律制度，明确治理责任

环境法律责任是环境法运行的保障机制，为实现土壤污染防治的预期目标，必须在土壤污染防治法律规范体系中设立法律责任的规定。由于土壤污染的隐蔽性、滞后性等特点，土壤从被污染到发现问题往往需要较长时间，没有具体、可操作的规定，追责将成为一纸空文。

首先，我国土壤污染状况复杂，农业用地污染尤其严重，有时工业用地受污染后企业去向不明，界定法律责任十分不易。过于依靠国家或者地方政府的力量，不仅为污染企业开脱了责任，也给社会增加了负担。美国的法律确立了连带、严格、溯及既往的法律责任，为追责提供了强有力的法律保障。其次，应当承担相应法律责任的主管部门和人员，导致土壤污染的工矿企业及其责任人员，导致土壤污染的农业生产经营组织或者生产者等，都应当成为主要的责任主体。存在多个责任主体时，相互之间承担连带责任。最后，完善行政法律责任，授予环境部门以行政处罚的职权，并以法律规定各级部门的监管权限，防止多头管理的混乱。

3.2 设置专项资金，保障治理实施

对于污染的单位已经终止，不能确定污染主体或者污染主体没有能力承担责任时，我国《固体废物污染环境防治法》和《关于加强土壤污染防治工作的意见》规定："由有关人民政府承担治理和修复责任。"这不仅为企业的污染行为留有余地，而且增加了地方政府的负担，在地方政府无力承担高昂的修复费用时，土壤污染的治理也变得难以实现。

在无法明确责任人或者责任人无力承担修复费用，而地方政府能力有限的情况下，面临复杂的土壤修复工程，资金成为瓶颈。法律责任不健全，责任主体单一，治污资金没有保障，土壤修复将成为空谈，更不要说污染土壤的二次利用。在资金无法保障的情况下，面对越来越多的土壤修复市场需求，土壤修复企业反倒望而却步。借鉴美国《超级基金法》经验，以法律规定，通过多渠道融资设置专项资金，如吸收社会资源、增加财政补贴等，为土壤修复积累资金，提前投资。同时细化土壤修复市场的鼓励措施，刺激社会资本流入。专项资金可以保证土壤得到妥善处理，避免因追责时导致长期诉讼，延误治理进程。

3.3 实行信息公开，促进公众参与

随着我国近期对生态环境保护的愈加重视，群众的环保意识也愈加强烈，参与环保工作的热情逐步高涨。这将是我国完善土壤污染防治法律制度的“人和”优势。在土壤污染防治过程中，应该让公众参与到法律制度的制定、污染问题的发现、污染治理的监督等工作中，听取公众的意见，将土壤污染防治与公众利益紧密联系起来。

要想推动公众参与，首先要保障公众的知情权，完善相关信息公开制度，建立信息公开平台；其次要明确公众参与问责的途径，如采用问卷调查、专家咨询、听证会等形式，听取公众意见和建议；还需要鼓励公众参与监督土壤污染治理，开通公众举报、监督路径，增强公众的监督权。

三、欧盟土壤环境管理经验及启示①

近年来，中国编制实施《土壤污染防治行动计划》，组织开展土壤污染状况调查，制定《土壤污染防治法》，完善土壤环境保护标准，积极开展污染土壤治理修复工作，对土壤环境保护工作进行了积极探索和有益实践。2019 年 1 月 1 日《土壤污染防治法》正式实施。土壤环境管理工作将围绕夯实“两大基础”、突出“两大重点”、推进“三大任务”、强化“三大保障”重点开展。将基本建成土壤污染防控管理体系，初步遏制全国土壤污染加重趋势，土壤环境质量总体保持稳定，农用地和建设用地土壤环境安全得到基本保障，土壤环境风险得到基本管控。

欧洲早在 1972 年就颁布了《欧洲土壤宪章》，之后又在 2004 年制定了一系列政策规定，并十分注重土壤风险管控，虽然并未形成具有法律地位的规定，也没有统一的土壤质量标准和评价模型，但在土壤类型众多、各地区发展模式不同的情况下，对于统一管理土壤环境，防控土壤风险具有借鉴意义。根据欧盟土壤环境管理经验，建议我国要注重《土壤污染防治法》与其他法律法规相协调；发挥地方政府作用，因地制宜制定评价标准和模型；促进政企合作，为土壤修复提供资金保障；提高修复效益，加强土壤风险管理的可持续性。

1 欧盟土壤污染状况及管理体系

1.1 土壤污染状况

欧盟制定了污染场地名单制度，根据名单统计，截至 2014 年，28 个欧盟成

① 本文作者：刘平、张楠。

员国中有23个国家建立了污染场地名单，估计共有250万处潜在污染场地，其中有34万处污染场地需要修复，其中1/3已被确认污染，并有15%已被修复[1]。欧盟环境署的执行理事 Hans Bruyninckx 称，欧洲每年为管理污染场地大约要花费65亿欧元，虽然企业支付了很多，但对于公共财政来说仍然负担巨大。根据2016年欧盟环境署发布的报告，工业活动、污染和垦殖等导致欧洲城市土壤退化，因此需要改进城市规划和政策以推动城市土壤的高效利用，这有助于保障城市的可持续发展及应对气候变化等挑战。

1.2 政策规定

欧盟在土壤环境保护领域颁布了一系列政策规定。早在20世纪70年代，欧洲已经意识到土壤环境和土壤资源保护的重要性，1972年欧洲共同体颁布了《欧洲土壤宪章》，此时欧洲土壤保护的重点是农业土壤和林业土壤。2003年，《欧洲土壤宪章》做出了系列修订，引入了一些新的概念和理念，如重新将土地定义为陆地生态系统的一部分，国家和欧盟规划应采取措施预防土地破坏和可预见的危害，保证当代及后人的利益，重新确立了土壤污染防治的目标和土地保护的基本原则。

2004年，欧盟修订了关于环境民事责任的《2004/35/EC指令》明确了“污染者付费”原则。当无法认定污染者时，由行政管理者负责修复。2006年，欧盟发布了土壤主题战略（Soil Thematic Strategy，STS），战略由3部分组成：欧盟委员会与其他机构的信函（Communication from the Commission to the other European Institutions）、框架指令建议书（Proposal for a Framework Directive）以及影响评价（Impact Assessment）。土壤主题战略奠定了欧盟基于风险的土壤管理体系，并规定了3项原则，即适用性、环境保护和长期性。适用性是指土壤保护的规定和标准要符合当地实际情况，以及考虑受体可接受风险程度；环境保护是指使周围环境和资源免受危害；长期性是指保护土壤环境要具有可持续性。其中，框架指令建议书是迄今为止欧盟定义的第一份土地保护框架法律，提出了土地保护的共同目标，并给予成员国极大的灵活性以通过不同的方式实现保护土地的目的。但之后8年的反复审议讨论中，一直有少数反对票，使建议书迟迟未能通过，最终在2014年被撤销。所以欧盟并没有一个整体统一的、具有法律地位的规定。

1.3　土壤监测

因欧盟各国土壤质量和评价标准不同，各有一套监测体系和评价标准，土壤采样和分析方法都不同，难以相互比较和交流，数据采样和分析方法也不同，所以各国之间对土壤环境质量数据往往存在争议，限制了土壤科学研究的发展。于是，欧盟于2006年发起了土壤环境评价监测项目（Environmental Assessment of Soil for Monitoring Project of EU），项目由欧洲委员会第六次框架项目支持，主要任务是筛选出监测指标，选择监测布点，更新调查和采样信息。这个项目可以说是欧盟在土壤环境管理与信息交流上的一大突破[2]。

欧盟在确定监测点时，考虑了土壤的物理性质（如含水量、孔隙等）、化学性质（如酸碱度、有机质含量等）以及生物性质（如微生物种类和含量等）。除此之外，外部环境对土壤环境的影响也是监测布点的考虑因素，如工厂排污、房地产开发、洪水、全球变暖的影响等。根据土壤面临的 188 个问题，选出了 290 个潜在的指标。然后根据政策相关性、主题相关性和数据，选出了针对 27 个问题的 60 个候选监测指标[3]。监测采用了二级监测网络体系，二级监测点包含了一级监测点的子监测点，充分考虑了与原有监测点的结合，避免资源浪费。为了保证能够覆盖每种土壤类型和土地利用类型，一级监测网最小每 300 km^2 布设一个监测点。并且，项目还非常注重采用现代监测技术，如智能取样、自动取样和遥感应用等。而且注重原监测网络和新监测点相结合，最大限度地利用原有监测网络和各国的监测数据。总的来说，欧盟的土壤环境监测项目十分重视土壤质量，将土壤面临的问题分类，针对问题选取指标，并且注重利用原有监测网络和监测数据[4]。

除此之外，欧盟成立了欧洲联合研究中心（Joint Research Center），组织监测活动，管理污染场地修复进展，并对土壤修复活动进行评价。研究中心通过调查，识别土壤和地下水的主要污染物和污染源，并对修复进行经济学分析。

1.4　环境评价

欧盟委员会于 1996—1998 年发起了污染场地风险评价项目（CARACAS），根据项目情况出版了两份报告，分别介绍了风险评价的科学基础和 16 个欧盟国家制定的项目政策和实践情况。该项目主要研究了人体毒理学、生态风险评价、污染物运移结果、场地调查与分析、模型、筛选和指导值以及风险评估方法。项目主要开展科学研究，为各国制定政策和实施风险评估提供参考，并非为各国制定统一的评价方法模型。目前，欧盟各国仍没有统一的土壤质量标准和暴露模型或评价模型，各国质量标准和模型主要依据自己环境和社会经济状况制定。较早实行风险评价的国家主要有英国、德国和荷兰。英国是最早使用触发值来决定启用风险评价的国家，1990 年英国《环境保护法》第二法案奠定了土壤污染风险评价的基础。2002 年英国环境署（Environment Agency，EA）环境、食品与农村事务部（Department of Environment，Food and Rural Affairs，DEFRA）颁布了一系列污染场地报告文件（Contaminated Land Report，CLR）。CLR 系列报告在对英国污染场地常见污染物的毒性及其暴露途径进行分析的基础上，对各种污染物及潜在风险进行评价（CLR8），提出了英国适用的污染场地暴露评估模型（Contaminated Land Exposure Assessment Model，CLEA），指导英国污染场地人体健康风险评估和土壤指导值（SGV）的推导。英国环境署还总结了英国常见污染物的污染分布、毒性和暴露途径，常见污染物 SGV 的推导以及针对具体污染场地如何使用 SGV[5]。英国基于人体健康的风险评价主要考虑的暴露途径包括直接食入、食入蔬菜等农作物、皮肤接触、室内吸入土壤蒸汽、室外吸入土壤蒸汽。

德国也是较早采用调查、认证、评价和修复流程的国家，并根据德国联邦土壤保护法制定了全国统一的土壤风险评价标准。荷兰的土壤评价方法和基于风险的评价标准也十分先进，并曾被许多国家借鉴，但因较为严格，后逐渐改进，符合了欧盟大多国家所认可的“适用性”原则[6]。此外，各国的侧重点也十分不同，如丹麦比较注重地下水安全，这跟其供水结构有关，丹麦 95%的供水来自地下水。比利时的土壤环境管理更加注重污染场地注册和污染责任人鉴定。

1.5 信息分享和公众参与

欧盟十分注重土壤环境信息分享，在欧盟或者整个欧洲层面建立了多种信息分享机制。欧盟委员会网站设有土壤环境专门页面，发布了欧盟层面的政策、指令和项目。欧洲土壤信息中心（European Soil Data Centre）是欧盟在联合研究中心（Joint Research Centre）下设立的机构，为公众提供了查询欧洲土壤水利地图的平台，不仅可以查阅土壤基本属性（如侵蚀情况、酸碱度、盐渍化等），还可以查阅农田土壤温室气体排放情况。土壤信息中心建立了欧洲土壤数据库系统，包括土壤地理信息、土壤性质地图、土壤管理局网络系统等。此外，为使企业更加高效的管理土壤污染、合理利用土地，还建立了欧洲工业土地可持续利用网络（Network for Industrially Coordinated Sustainable Land Management in Europe，NICOLE）。1994 年欧盟发起了公共论坛项目（Common Forum），定期举办会议，为欧盟成员国和欧洲自由贸易协会成员国的环境机构提供了土壤修复政策和技术交流平台。2005 年，欧洲委员会联合研究中心与欧洲土壤局共同发布了欧洲土壤图集，以较为通俗易懂的地图形式展示了欧洲的不同土壤类型信息，以提高公众对土壤环境的重视和保护意识，填补土壤科学、制定政策和公众意识之间的差异，主要针对非专业人士进行知识普及[7]。

1.6　资金机制

欧盟的土壤管理也注重“污染者付费”原则，环境责任指令规定了对环境造成损害或者直接威胁者要承担环境修复费用。没有特别规定要求建立专门资金，但各国要鼓励使用金融和市场工具，当责任人无力支付修复费用时，政府应当帮助责任人获取支付能力，及时修复土壤污染。2013 年，欧盟委员会对欧盟各国环境责任指令的执行情况做了调查，根据调查，欧盟国家采取的行动主要是与保险公司和行业协会进行协商，建立金融保险机制，包括信用证、信托基金、担保债券和托管协议，但这些措施并未得到很好的普及和使用。

在实践中，当污染责任人无法查出，或者责任人无力承担修复费用时，一般由政府预算支付修复费用，包括欧盟建设基金。各国政府预算在土壤修复费用中所占比例有所不同，平均大约占修复费用的 35%。比例最高的是捷克共和国、西班牙和马其顿共和国，可以全部由政府支付。法国最低，只有 7%，大多数由个人或者企业支付[1]。法国对于无责任人的污染场地，主要从有害工业废物税中支付。欧洲某些地区，政府的作用较为突出，尤其是欧洲的中东部，这也源于社会形态的转型给污染者认定和责任划分带来困难。现在欧洲也开始重视公共部门和私营企业之间的伙伴关系和合作，通过建立合作来促进土地的利用、开发以及修复工作。

1.7 修复技术

当前，传统修复技术只占欧洲修复项目的30%，欧洲越来越重视开发成本效益高、能耗低和资源需求小的新型修复技术，力求尽可能小地对环境造成影响。在制定、设计修复技术和政策时，平衡考虑经济、社会和环境三方面的因素十分重要，但有待提高。欧洲的许多土地管理机构或机制（如 SuRF-UK、NICOLE 等）都认为加强可持续管理和修复的知识教育十分重要，有助于促进提高开发和应用可持续的土地管理政策和土壤修复技术。最近有许多机制提出将可持续的概念引用到污染土地管理中，如可持续修复论坛（Sustainable Remediation Forum，SURF）、欧洲土壤和地下水有效修复联合行动示范项目（European Co-ordination Action for Demonstration of Efficient Soil and Groundwater Remediation）以及其2010年启动的 NICOLE 可持续修复路线图。这些倡议和活动的主要目的是为土壤修复寻求经济、社会和环境保护的平衡，以求土壤修复获得最大的经济、社会和环境效益，并减少修复带来的负面影响。

2 政策建议

当前我国正在积极促进完善基于风险的土壤环境管理体系，发布了《土壤污染防治行动计划》，并制定了专门的土壤保护法律和标准。欧盟整体土壤类型多样，地域面积广，各国体制文化有差异，政策协调存在困难，在探索土壤环境管理的过程中有许多经验值得借鉴，也有一些教训值得学习。根据欧盟经验，对我国开展土壤环境管理提供以下建议。

2.1 注重各项法律制度之间的协调，夯实“两大基础”

欧盟于2004年提出了《土壤框架指令申请》（Proposal for a Soil Framework Directive），并于2006年得到认可，但历经8年的审议和讨论，仍然有少数票不赞成这份申请，并且8年期间也并未产出成果，于是欧盟决定撤销此项申请。从这份申请的失败可见，法律文件的制定与各部门和其他法律制度的协调十分重要。我国土壤环境管理涉及机构较多，生态环境部需要和其他各部门，包括财政部、自然资源部、农业农村部、国家卫生健康委员会和科技部等，统一协调和责任划分。还要考虑各地区经济发展需要，保证土壤环境管理工作的顺利开展。

2.2 因地制宜制定土壤评价标准和模型，突出“两大重点”

我国地缘辽阔，土壤类型众多，各地区的经济发展水平和发展模式各有不同。在制定全国统一的农用地和建设用地土壤环境标准时，还应该对地方政府给予指导，提高地方政府土壤环境风险管理能力，鼓励地方政府发挥管理作用。同时，联合研究机构，依据当地土壤类型和经济发展特点，制定符合地区情况的土壤标准和风险评价模型。在国家层面，为了实现统一管理和把握，可以学习欧盟经验，开展全国性的联合监测或者评价项目，为地区之间提供相互交流的平台，以在地区标准和评价模型有所不同的情况下，实现全国农用地和建设用地土壤质量改善和风险防控的一致目标。

2.3 加强土壤风险管理和修复的可持续性，推进“三大任务”

欧盟已经将可持续的概念引入土壤污染修复体系中，即在土壤修复时，选择成本效益更优的技术，并综合考虑环境保护、社会发展和经济发展等因素。我国经济发展速度快，但仍属于发展中国家，不计成本的土壤修复投入是与可持续发展背道而驰的。因此，应该不断研发、推广新技术，提高修复效益、降低修复成本，并综合考虑环境、社会、经济因素，开展成本效益分析，实现可持续的土壤风险管理。

为避免“企业污染，政府埋单”的局面，还应该充分调动企业积极性，在污染土壤修复和土地开发时，政企合作，共同支付费用。此外，还可以借鉴法国经验，采用专门的土壤污染税或者废弃物管理税制度，对于无责任人的污染场地，从税费中支取修复费用，并逐步形成完善的土壤修复资金机制。

2.4 完善信息平台建设，强化“三大保障”

欧盟建立了土壤信息中心，并建立了土壤数据库平台，可供公众下载土壤数据信息、图片和报告，为大众了解土壤知识和土壤环境提供了渠道。依托中国科学院南京土壤研究所，我国于 2016 年成立了国家地球系统科学数据共享平台土壤科学数据中心，但主要服务于研究机构和管理机构进行。2017 年，中国科学院南京土壤研究所完成了国家土壤信息服务平台手机应用程序（APP）开发并上线，通过手机 APP 可供大众了解全国土壤空间数据，但因使用不便，并未得到普及。为促进公众对土壤环境的重视，应该注意土壤数据分享的“大众化”，采用常见格式的地图、数据等，提供更加简单易懂的信息分享模式。同时，使手机 APP 的使用简洁化，充分发挥这一平台的作用。

参考文献

[1] Arrouays D，Morvan X，Saby N P A，et al. Environmental Assessment of Soil for Monitoring Volume IIa：Inventory & Monitoring[R]. Luxembourg：Office for Official Publications of the European Communities，2008：29-20.

[2] Huber S，Prokop G，Arrouays D，et al. Environmental Assessment of Soil for Monitoring Volume I：Indicators & Criteria [R]. Luxembourg：Office for Official Publications of the European Communities，2008：45-48.

[3] 张红振，骆永明，夏家淇，等. 基于风险的土壤环境质量标准国际比较与启示[J]. 环境科学，2011，32（3）：795-802.

[4] 许妍，吴克宁. 欧盟土壤环境评价监测项目及其对我国农用地质量监测的启示[J]. 生态环境学报，2011，20（11）：1777-1782.

[5] Ferguson C C. Assessing risks from contaminated sites：policy and practice in 16 European countries[J]. Land Contamination and Reclamation，1999，7（2）：87-108.

[6] Jones A，Montanarella L，Jones R. Soil Atlas of Europe[R]. European Soil Bureau Network. European Commission，Office for Official Publications of the European Communities，Luxembourg，2005：128.

第二章

严格环境管理，防控土壤污染风险

一、日本土壤环境质量标准体系的经验及启示①

2018 年 8 月 1 日，《土壤环境质量标准》（GB 15618—1995）废止，中国生态环境部发布了《土壤环境质量 农用地土壤污染风险管控标准（试行）》（GB 15618—2018）和《土壤环境质量 建设用地土壤污染风险管控标准（试行）》（GB 36600—2018）。与旧标准相比，新的标准划分了不同土壤用途，拆分为农用地和建设用地两个标准；新标准设定了风险筛选值，超过对人体有风险的限值后，需要进一步调查和评估；新标准还关注了更多物质种类，推荐了检测方法。这些改进，不少是受到国外经验的启发。

日本的土壤环境问题曾经十分突出，“世界八大环境公害事件”之一的“痛痛病事件”就是由于重金属镉污染土壤造成的。经过半个多世纪的努力，日本已经形成比较成熟的土壤环境质量标准体系，在标准制定的目标、思路和方法方面取得了丰富的经验与成果。开展日本土壤环境质量标准体系研究，了解日本土壤环境质量标准体系形成历程及主要内容，可以为继续完善和实施我国土壤环境质量标准提供参考。

1 日本土壤环境质量标准体系及其发展历程

1.1 日本土壤环境质量标准体系的发展历程

日本土壤环境质量标准的制定始于 20 世纪 70 年代，到 2014 年最新修订，经历了半个世纪。由于社会的发展和生产力水平的不断提高，日本土壤污染物质和治理

① 本文作者：王语懿、刘平、张永涛。

的类型呈现阶段性特点，其不同阶段所制定的土壤环境质量标准的项目和内容也不同。总体来看，日本土壤环境质量标准体系的形成历程大致可划分为以下 4 个阶段。

第一阶段是 1970—1990 年。这一阶段日本土壤污染防治以农田污染为主，主要的土壤环境质量标准项目为重金属（镉、铜和砷）。日本土壤环境质量标准的制定起源于农田土壤环境质量标准。1968 年日本官方首次承认“痛痛病”的病因是金属镉污染。为防治农田土壤污染，1970 年日本修订《公害对策基本法》（1967 年颁布），将土壤污染纳入典型公害范围，并颁布《农用地土壤污染防治法》，指定镉为特定有害物质（1972 年增加铜、1975 年增加砷），制定土壤环境质量标准，开展土壤环境质量监测，开始了土壤污染的防治工作。

第二阶段是 1990—1999 年。这一阶段日本土壤污染防治增加了城市与工业地域土壤污染标准项目，涵盖重金属、农药和 VOCs 物质。新增土壤环境质量标准的制定起源于 1975 年在东京都发生的“六价铬矿渣填埋事件”，以及其后发现的三氯乙烯等有机化合物通过土壤污染地下水事件。日本环境省对 1975—2001 年都道府县政府掌握的土壤污染数据进行分析研究，识别出主要土壤污染物为重金属类和 VOCs 等，且地域分布集中于和工业地带紧密相连的城市地域。为防治城市与工业地域的土壤污染，强化土壤环境行政管理力度，日本环境省将农田土壤环境质量标准和城市与工业用地土壤环境质量标准整合，于 1991 年 8 月发布第 46 号告示，发布土壤环境质量标准[1]。该标准除涵盖农田污染防治的重金属项目外，其余环境质量标准项目都是城市和工业地域土壤污染防治项目范畴。此后，日本政府又对土壤环境质量标准进行了多次修订，标准项目增加到 27 项。

第三阶段是 1999—2010 年。这一阶段日本土壤环境质量标准的发展以 1999 年《二噁英类物质对策特别措施法》和 2002 年《土壤污染对策法》的颁布为标志，开展工业和城市用地的土壤污染防治和二噁英类（Dioxins）物质污染防治工作。

1998 年大阪府能势町的一般废弃物燃烧装置周围的土壤中检验出高浓度二噁英类物质，其后又在和歌山县的桥本市以及东京都大田区等地出现高浓度二噁英类物质污染土壤事件[2]。为防治二噁英类物质污染，日本于 1999 年 7 月颁布《二噁英类物质对策特别措施法》，根据此法第 7 条，制定二噁英类物质环境质量标准。该法对二噁英类物质定义为多氯联苯-对二噁英（PCDD）、多氯氧芴（PCDF）和多氯联苯（PCBs），要求各个都道府县和政令市的行政长官对大气、水质以及土壤中因二噁英类物质而导致的土壤污染状况进行日常性监测，并将结果向环境大臣汇报。该法于 2000 年实施，最新修订时间为 2009 年。2002 年日本正式颁布《土壤污染对策法》，对城市和工业地域的土壤污染物质做了明确规定，城市和工业地域的土壤环境质量标准项目有了法律依据。

第四阶段是 2010 年至今。这一阶段日本土壤环境质量标准的发展以 2010 年《土壤污染对策法》的修订和 2011 年 8 月《防治因 2011 年 3 月 11 日东北地方太平洋地震引发核电站泄漏事故排放的放射性污染物质对环境造成污染的特别措施法》（以下简称《放射性物质污染对策特别措施法》）的颁布为标志。

2010 年日本修订《土壤污染防治法》，从分析土壤污染源头和降低污染物质对环境和人类健康风险的角度出发，梳理了环境质量标准项目的分类和标准。2011 年 3 月 11 日，日本发生有观测记录以来规模最大的地震，并引发海啸、火灾以及福岛核泄漏事故。核泄漏事故使放射性物质污染对日本的国土环境和国民健康造成极大威胁，包括对以福岛县为中心的广大地区农田造成日本有史以来最为严重的农田高浓度核污染。由于 ^{137}Cs（铯-137）的半衰期长达 30.1 年，其进入土壤后对农作物、环境及人类健康造成不利影响。因此，日本于同年 8 月颁布《放射性物质污染对策特别措施法》，正式开展放射性污染物质的防治工作，并发布了土壤中放射性物质暂定容许值（土壤污染物质暂定标准），超过暂定容许值的土壤要进行污染去除处理，处理过的农田土壤经过跟踪监测确认达标后方可使用。

表 1　日本土壤环境质量标准体系形成历程及特点

阶段	环境大事记（环境污染事件、防治法律法规等）	土壤环境质量标准项目
第一阶段（1970—1990 年）	1968 年，日本官方确认金属镉污染是“痛痛病”的病因	镉
	1970 年，颁布《农用地土壤污染防治法》	镉、铜和砷
	1975 年，东京都因填埋六价铬矿渣而造成土壤等环境污染，以及三氯乙烯等有机化合物通过土壤污染地下水的事件	铬
第二阶段（1990—1999 年）	1991 年，制定土壤环境质量标准，修订了 Cd 等 10 项标准	重金属类、VOCs、农药、PCBs 等
	1994 年，修订土壤环境质量标准，增加 15 个项目的土壤环境限制标准（三氯乙烯等 9 项有机氯化合物、西玛嗪等 4 项农药和除草剂、苯和 Se）	

阶段	环境大事记（环境污染事件、防治法律法规等）	土壤环境质量标准项目
第三阶段（1999—2010 年）	1998 年，大阪府能势町的一般废弃物燃烧装置周围的土壤中检验出高浓度二噁英类物质，以及和歌山县的桥本市和东京都大田区等地出现高浓度二噁英类物质污染土壤事件	PCDD、PCDF 和 Coplanar PCBs
	1998 年，WHO 修订二噁英类物质的 TDI[①]标准限值，由 10 pg-TEQ/（kg 体重·d）[②]的 Coplanar PCB 含量修订为 1～4 pg-TEQ/（kg 体重·d）	
	1999 年，日本环境省和厚生省发布 TDI 标准限值：4 pg-TEQ/（kg 体重·d）	
	1999 年，颁布《二噁英类物质对策特别措施法》	
	2001 年，修订土壤环境质量标准，从保护地下水涵养功能和水质净化功能的角度增加了氟和硼两项标准	重金属类、VOCs、农药、PCBs 等
	2002 年，颁布《土壤污染对策法》，对城市和工业用地土壤污染对策进行规定	
第四阶段（2010 年至今）	2010 年，修订《土壤污染对策法》，防范土壤污染对人类健康威胁的风险：①因直接暴露—土壤含有量标准；②饮用地下水—溶出标准，25 项	重金属类、VOCs、农药、PCBs 等
	2011 年，东日本大地震并导致核电站泄漏事故	Cs（铯）
	2011 年，颁布《防治因 2011 年 3 月 11 日东北地方太平洋地震引发核电站泄漏事故排放的放射性污染物质对环境造成污染的特别措施法》，对放射性污染物质对策进行规定	

1.2 日本土壤环境质量标准体系的构成

环境质量标准不是孤立的标准限值的概念，而是一个体系，主要包括标准项目、标准限值、分析方法、监测方法、评价标准和表征方法等。不同环境媒介涉

① TDI 是从人体健康的角度，把人的一生所能耐受的量分解为 1 日 1 kg 体重所能摄取的量。

② TEQ (Toxic Equivalent Quantity)，毒性当量，用来表示二噁英类物质的毒性。二噁英类物质的种类繁多，毒性相差很大，其中 2,3,7,8-TCDD 的毒性最强。在对二噁英类物质的毒性进行评价时，把二噁英类物质折算成相当于 2,3,7,8-TCDD 的量来表示。

及的标准体系内容有所差异，但环境质量标准体系的结构具有共性。经过半个多世纪的发展，日本从开始的单一土壤污染防治措施发展到综合全面的土壤污染防治体系，已经形成防治土壤污染的环境质量标准体系，其土壤环境质量标准项目由农田污染物质项目、工业和城市用地土壤中有害污染物质项目、二噁英类（Dioxins）物质项目和防治放射性污染物质项目 4 个部分组成，并包括相应的监测规范和各类污染物监测技术手册及监测准则等内容。在日本《环境基本法》和环境质量标准文件中，界定了环境质量标准的制定原则和基本内容，所涉及的标准类型、项目类型、分析方法等在法律法规中均有明确规定；根据法律法规制定的标准项目、限值、分析方法等技术规范具有明确的法律意义[1]。日本土壤环境质量标准体系构成如图 1 所示。

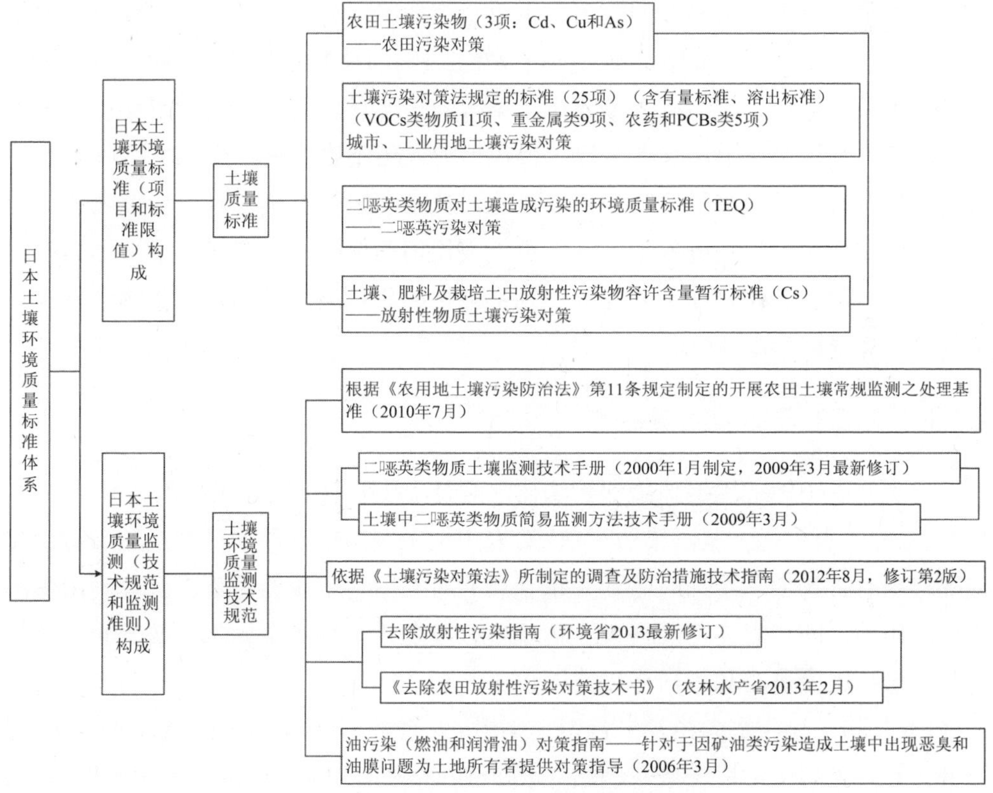

图 1　日本土壤环境质量标准体系构成图

2 日本土壤环境质量标准体系的制定

2.1 日本土壤环境质量标准的制定

当前，国际上土壤环境质量标准的制定，根据保护对象不同，可分为三类：第一类是基于人体健康风险评估制定的，目的是保护活动在污染场地上的人体健康安全；第二类是基于生态风险评估制定的，目的是保护土壤的生态功能；第三类是基于污染土壤的环境风险制定的，目的是保护与土壤相邻的环境介质不受污染，如用于保护地表水、地下水等的土壤环境质量标准[3]。

日本土壤环境质量标准的制定属于第一类和第三类，即基于人体健康和生存环境风险评估制定的。根据日本《环境基本法》第 16 条的规定：政府为防治大气污染、水质污染、土壤污染以及噪声污染等，按照环境要素分别制定环境质量标准，包括大气、水、土壤、噪声等，旨在保护人类健康以及生存的生活环境[4]。

为防范直接暴露接触风险和摄取风险，日本制定了土壤含有量标准限值；为防范污染物质通过土壤进入地下水而被人类饮用的风险，制定了土壤溶出标准限值；为防范通过农作物或水产品等食物链产生的累积风险，制定农作物中特定有害物质含有量标准限值[5]。

2.1.1 农田土壤环境质量标准

日本对农用地的土壤环境保护法律法规是《农用地土壤污染防治法》。作为一部公害法，《农用地土壤污染防治法》对农用地土壤污染管理的目的是通过防治和消除特定有害物质（在当时主要是重金属）对农用地土壤的污染，合理利用受污染的农用地，防止农畜产品损害人体健康以及防止土壤重金属污染妨碍农作物的生长，保护国民健康和生活环境。

《农用地土壤污染防治法》规定大米中 Cd 含量≤1 mg/kg。1972 年增加了 Cu 标准，规定土壤中 Cu 含量≤125 mg/kg。1975 年增加 As 标准，规定土壤中 As 含量≤15 mg/kg。其中，Cd 含量标准是根据引起“痛痛病”的标准值大米中 Cd 含量≤1 mg/kg 制定的，设定的为 Cd 在米粒中的浓度，而不是土壤中 Cd 的浓度。

其原因主要是考虑到土壤中影响生物有效的 Cd 的因素很多（如稻株栽培的水管理措施），设定土壤 Cd 含量不符合实际。As 和 Cu 含量标准是根据不影响和阻碍农作物生长和产量制定的。

该法规定都道府县知事对于其辖区内的农用地，当确定土壤及农作物中所含重金属的种类和数量以及该土壤生产的农作物可能会损害人体健康，或者该土壤所含有害重金属会影响农作物的生长发育时，即可将该区域指定为污染区域，有必要采取相应规制措施。

随着时代的进步和科技发展，日本也在不断对标准值进行修订。2006 年，食品添加剂联合专家委员会（Joint FAO/WHO Expert Committee Food Additives，JECFA）制定了食品中（精米）Cd 的周容许摄入量（TWI）。2008 年，日本的食品安全委员会将 Cd 的 TWI 规定为 7 μg/（kg 体重·周）。2010 年 4 月，日本厚生劳动省发布禁止贩卖镉含量超过 0.4 mg/kg 大米的告示。在以上背景下，2010 年 6 月，日本环境省将农田土壤污染物质金属 Cd 在大米中的含量进行了修订，由≤1 mg/kg 修订为≤0.4 mg/kg。

表 2　日本农田土壤环境质量标准项目及标准限值

特定有害物质	标准限值/（mg/kg）
铜（Cu）水田	≤125
砷（As）水田	≤15
镉（Cd，注：大米中的含量）	≤0.4[①]

2.1.2　城市与工业土壤环境质量标准

日本对城市与工业土壤环境质量标准主要源自 1991 年颁布的土壤环境质量标准，该标准修订了 Cd 等 10 项标准。1994 年 2 月，增加了三氯乙烯等 9 项有机氯化合物标准、西玛嗪等 4 项农药和除草剂标准，加上苯和 Se 2 项标准，共增加了 15 个项目的土壤环境限值标准，Pb 和 As 的标准也有了改变。在制定土壤环境标准时，特别设立了浸出液（将土壤和 10 倍量的水混合，将污染物浸出）标准。除 Cu 以外，

① 原标准为≤1 mg/kg。2010 年 6 月，日本环境省发布告示，修订农田土壤污染物质金属镉的米含量为≤0.4 mg/kg。

规定了浸出液中 24 种污染物的浓度[6]。2001 年从保护地下水涵养功能和水质净化功能的角度增加了氟和硼 2 项标准。至此，日本的土壤环境标准达 27 项。

2009 年，日本发布《土壤污染对策法》修订案，2010 年实施。修改后的法律第 2 条规定了特定有害物质 3 类，25 项标准，删除了铜的标准，将汞和甲基汞进行了合并，并将一些标准进行了调整，如将四氯甲烷的标准由≤0.02 mg/L 调整为≤0.01 mg/L（表 3）。

日本土壤环境质量标准限值包括含有量标准限值和溶出标准限值，其制定分别依据直接摄入土壤污染物的风险和土壤污染物渗入地下水后被人类饮用造成风险[3]。含有量标准限值的制定是根据有害物质在人类身体内的容许摄入量。溶出标准限值基于饮用水的标准值，即依据在污染土壤上生活 70 年，每天饮用地下水 2 L，发生健康损害的概率为十万分之一，制定标准限值[5]。

《土壤污染对策法》规定，如果调查发现该土地上集中的某重金属物质超过限量或者不符合土壤质量标准，则就应该把该土地指定为污染区，并登记在指定污染区登记簿中。该指定污染区登记簿公众可以自由查阅。只有成功实施了整治措施将土壤污染降至达标的程度，该区域才可以从登记簿中删除。

表 3　日本城市或工业土壤环境质量标准

污染物分类	项目	标准限值	
		土壤中含量标准/（mg/土壤 1 kg）	溶出标准（以试样溶液中含量计）/（mg/L）
第一类特定有害物质（VOCs）11 项	四氯化碳		≤0.002
	1,2-二氯乙烷		≤0.004
	1,1-二氯乙烯		≤0.1
	顺式-1,2 二氯乙烯		≤0.04
	1,3-二氯丙烯		≤0.002
	二氯甲烷		≤0.02
	四氯乙烯		≤0.01
	1,1,1-三氯乙烷		≤1
	1,1,2-三氯乙烷		≤0.006
	三氯乙烯		≤0.03
	苯		≤0.01

污染物分类	项目	标准限值	
		土壤中含量标准/（mg/土壤 1 kg）	溶出标准（以试样溶液中含量计）/（mg/L）
第二类特定有害物质（重金属等）9 项	镉及其化合物	≤150	≤0.01
	六价铬及其化合物	≤250	≤0.05
	氰化合物游离态氰	≤50	不得检出
	汞及其化合物（其中烷基汞）	≤15	≤0.000 5（烷基汞不得检出）
	硒及其化合物	≤150	≤0.01
	铅及其化合物	≤150	≤0.01
	砷及其化合物	≤150	≤0.01
	氟及其化合物	≤4 000	≤0.8
	硼及其化合物	≤4 000	≤1
第三类特定有害物质（农药+PCBs）5 项	西玛嗪		≤0.003
	秋兰姆		≤0.006
	杀草丹		≤0.02
	PCBs		不得检出
	有机磷农药（对硫磷、甲基对硫磷、甲基内吸磷及 EPN）		不得检出

注：①土壤中含量标准：从防范因直接接触所受到污染的风险角度出发而制定的土壤中含量标准，标准值设定范围为第二类污染物，重金属类。

②溶出标准（溶出：洗提-elution）为，从保护土壤净化水质和涵养地下水功能的角度，制定溶出标准，表中数值以试样溶液中含量计，单位为 mg/L。

2.1.3　二噁英类物质对土壤造成污染的环境质量标准

日本关于二噁英类（Dioxins）物质对土壤造成污染的环境质量标准主要源自 1999 年颁布的《二噁英类物质对策特别措施法》。该法第 7 条制定了二噁英类物质环境质量标准，采用“耐容一日摄取量（TDI）”来表示，即 4 pg-TEQ/（kg 体重·d）（1 日摄取量≤4 pg-TEQ/kg 体重，其中 TEQ 为毒性当量）。土壤中二噁英类物质的标准值为≤1 000 pg-TEQ/g。当土壤中的二噁英类物质含量超过 250 pg-TEQ/g 时，就需要进行必要的调查[2]。

2001 年，日本国家以及地方公共团体在 3 735 个地点进行对大气、水质（包含水底的底质）、土壤的污染状况进行监测，并由环境省发布 2001 年二噁英类物质环境调查结果报告书。结果显示，日本土壤中二噁英类物质的平均浓度为 6.2 pg-TEQ/g，浓度范围为 0～4 600 pg-TEQ/g，仅有 1 个地点超标，达标率为 99.97%。

表 4 关于二噁英类物质环境质量标准

环境媒介	标准值
土壤	≤1 000 pg-TEQ/g

注：从防治污染角度出发，设定开展监测调查的指标值为≥250 pg-TEQ/g。

2.1.4 放射性物质对土壤造成污染的环境质量标准（暂行）

日本关于放射性物质对土壤造成污染的环境质量标准主要源自 2011 年颁布的《放射性物质污染对策特别措施法》。2011 年 8 月，日本农林水产省发布土壤中放射性物质暂定容许值[Cs（铯）≤400 Bq/kg]①。暂定容许值的确定是监测、分析、研究等多种因素综合考虑的结果。首先，福岛核泄漏事故发生后，日本环境省等部门经过全方位、多角度的连续监测和对各种核素监测结果的分析，确定铯是对环境造成放射性污染的主要污染物质。其次，根据日本农业环境技术研究所从 1959 年开始的 50 年的农田土壤监测的结果，日本在大地震之前全国农田土壤中铯的浓度为 20～140 Bq/kg，本底值为 100 Bq/kg（均值）。将土壤中放射性物质暂定容许值设定为≤400 Bq/kg，即使连续 40 年施用含有放射性铯的浓度≤400 Bq/kg 的农田肥料，也不会超过大地震前的本地值水平。最后，从操作角度看，此暂定标准值也满足日本核安全委员会制定的外部暴露标准（10 μSv/h）②[3]。

表 5 土壤（包括肥料和培植土壤）中铯的暂定标准

项目	标准值
Cs（铯）	≤400 Bq/kg

① Bq 是放射性活度的国际单位。放射性活度是指每秒钟有多少个原子核发生衰变。放射性核素每秒有一个原子发生衰变时，其放射性活度即为 1 Bq。该数字越低，安全管理就越严格。

② Sv 为辐射剂量的基本单位，定义为每千克人体组织吸收 1 J 为 1Sv。1 μSv=10^{-6}Sv。

2.2　日本土壤环境质量监测（技术规范和监测准则）的制定

如图 1 所示，针对以上 4 种土壤质量标准，日本制定并发布了一系列监测方法、技术规范和分析方法等技术文件，具体包括《农用地土壤污染防治法规定的法定受托事物处理基准》《依据土壤污染对策法制定的调查及措施技术指南》《二噁英类物质土壤监测技术手册》《土壤中二噁英类物质简易监测方法技术手册》《去除放射性污染指南》《去除农田放射性污染对策技术书》。此外，为解决因汽油和润滑油等造成的环境污染问题，2006 年，日本环境省制定了《油污染（燃油和润滑油）对策指南——针对因矿油类污染造成土壤中出现恶臭和油膜问题为土地所有者提供对策指南》，用于防治因燃料油和润滑油对土壤造成的污染。

2.2.1　日本农田土壤常规监测准则

日本环境省于 2000 年发布的《农用地土壤污染防治法规定的法定受托事物处理基准》，是日本开展土壤污染状况监测的统一技术方法。基准对常规监测条件、监测种类、方法及监测结果的报告做了明确规定。另外，基准还对地方政府的行为做了规定：要求地方政府必须根据《农用地土壤污染防治法》对农田土壤进行常规监测，必须根据调查结果编制调查报告以掌握土壤状况，要求其在调查实施年度的次年度的 4 月 30 日之前将调查结果上报环境省，并在规定期限内提交质控核查结果报告书[1]。

表 6　日本农田土壤重金属污染监测规范主要内容[7]

调查种类		调查内容及调查方法等
细密调查（普查和详查）	概况调查	①位置；②土地条件；③土壤条件；④水利状况；⑤农作物生长状况；⑥气象状况（降水量、气温等）；⑦污染物及污染源来源情况；⑧污染防治对策及效果；⑨其他有关土壤、农作物等污染状况需要注意的事项。
	精密调查	调查内容：根据概况调查结果，选定调查对象地域实施调查，调查密度为 1 点位/2.5 hm^2。调查项目：①农作物等生长状况；②土壤和农作物中污染物含量；③土壤的理化性质。
		调查方法：①调查农作物生长状况，包括产量、收获期是否延迟，谷物是否饱满等；②土壤和农作物中污染物含量以及土壤理化性质（0～15 cm）的调查，对采样位置、采样密度、采样重量要求，前处理（风干、过筛等）均做了具体规定。

<table>
<tr><th colspan="2">调查种类</th><th colspan="2">调查内容及调查方法等</th></tr>
<tr><td rowspan="3">对策地域调查
（污染治理地域调查）</td><td rowspan="2">治理地域内调查</td><td colspan="2">概况调查：调查对策地域内的污染物及土壤污染状况，在了解土地条件及水利状况的基础上，以 25 hm^2 为一个监测单元开展调查。调查内容：①位置；②土地条件；③土壤条件；④水利状况；⑤农作物生长状况；⑥污染物及污染源来源情况；⑦其他有关土壤、农作物等污染状况需要注意的事项。</td></tr>
<tr><td colspan="2">调查观测区内调查（详查）：
（1）调查内容：在实施概况调查的地域内，选取调查观测区，实施调查。主要调查项目：①土壤、农作物及农田灌溉水中的污染物含量（全量、可溶性量）；②降尘量及含有污染物质的量。
（2）观测调查区调查方法：规定了调查观测区的位置选定原则、设置时间、设置主要事项、维护管理、采样方法、监测项目、样品分析方法等内容。</td></tr>
<tr><td>治理地域关联调查</td><td colspan="2">为掌握农田土壤污染状况，在必要时需要对治理地域周边地域实施关联调查，便于掌握周边情况，分析污染来源等相关信息。</td></tr>
<tr><td rowspan="3">解除地域调查
（污染治理完成区域调查）</td><td>概况调查</td><td colspan="2">①位置；②土地条件；③土壤条件；④水利状况；⑤污染防治措施实施情况；⑥农作物生育情况；⑦气象状况（降水量、气温等）；⑧污染源及防治措施；⑨防止土壤再次被污染的措施。</td></tr>
<tr><td rowspan="2">解除地域中复查区域调查</td><td colspan="2">概况调查：在考察解除地域的土地条件、水利状况、污染防治措施的实施情况后，在解除地域选定复查区域实施调查监测工作。调查内容：①位置；②土地条件；③土壤条件；④水利状况；⑤农作物生长状况；⑥土壤及农作物中污染物含量调查；⑦其他防止土壤再次被污染的注意事项。</td></tr>
<tr><td>复查区域调查</td><td>调查内容：①农作物生长情况；②土壤、农作物及农业灌溉用水中污染物含量；③大气降尘量及降尘中污染物含量。
调查方法：①农作物生长情况：农作物产量、生长状况等调查；②土壤、农作物及农业灌溉用水中污染物含量：包括采样位置选择、采样方法、监测项目、分析方法等均做了明确规定。</td></tr>
<tr><td colspan="2">crosscheck 调查
（调查精度质控核查）</td><td colspan="2">在进行细密调查和对策地域调查中实施，目的在于保证监测的精度。由环境省和地方对同一土壤和农作物进行质控核查工作。</td></tr>
</table>

2.2.2 日本城市和工业地域土壤常规监测规范

1999年，为开展城市和工业地域土壤污染调查提供监测规范，日本制定《土壤及地下水污染调查对策指南》。2010年，依据修订的《土壤污染对策法》，日本发布《依据土壤污染对策法制定的调查及措施技术指南（暂行版）》，作为城市和工业地域土壤监测规范。2012年进行修订，发布第2版。该指南对开展土壤污染状况调查的手续、范围选取、采样方法、评价方法、污染治理区域的划定原则、跟踪监测的标准和原则等内容做出了规定。

2.2.3 土壤中二噁英类物质常规监测规范

为开展土壤中二噁英类（Dioxins）物质常规监测，2000年1月，日本环境省制定《二噁英类物质土壤监测技术手册》，规定了开展监测的对象、采样方法及分析方法。2009年3月，环境省对规范进行修订，新规范包括调查种类、调查分析方法、精度管理和质量控制等内容。土壤中二噁英类物质常规监测存在费用高，数据分析周期长的问题。为提高监测效率，日本环境省于2009年制定了土壤中二噁英类物质的简易测定法，发布了《土壤中二噁英类物质简易监测方法技术手册》[1]。目前，日本土壤中二噁英类物质监测规范是常规监测规范和简易监测规范并行使用。一般做法是首先应用简易测定法进行筛查，在发现污染区域后再应用常规监测方法进行确认。

2.2.4 土壤中放射性物质监测规范

日本土壤中放射性物质监测的主要技术规范包括环境省发布的《去除放射性污染指南》和农林水产省发布的《去除农田放射性污染对策技术书》。

2011年，日本初次发布《去除放射性污染指南》，2013年进行修订，发布第2版。《去除放射性污染指南》（2013年）规定了土壤放射性物质监测的方法，包括使用的监测仪器、仪器校准和维护、采样方法、监测结果记录等内容；规定了土壤中Cs浓度的简易换算方法。

“福岛核电站放射性物质泄漏事件”造成了大面积土壤污染。为治理农田土壤污染，2013年2月，日本农林水产省发布了《去除农田放射性污染对策技术书》，主要内容包括：去除农田放射性污染物质工作流程中的放射性物质监测、污染区域划定、去除污染施工方法选定、污染去除工作实施、污染去除效果确认及去除污染后的监测和管理等各种技术方法。

2.2.5 土壤中油污染对策指南

日本土壤中油污染对策指南指的是《油污染（燃油和润滑油）对策指南——针对因矿油类污染造成土壤中出现恶臭和油膜问题为土地所有者提供对策指南》，是日本环境省于 2006 年为解决含油土壤出现油膜和恶臭的环境问题而发布的。该指南对油污染问题和“油”的指代作出了规定。指出油污染的油是指燃料油（汽油、柴油、灯油等）和润滑油等矿油类，油污染问题是指因土壤含油使其土地及周边出现油膜或恶臭等环境问题。该指南是指导性技术文件，没有强制性标准和监测规范。因为油污染问题虽然影响到了人民的生存环境，给人民造成了不适感觉，但还未达到危害人类健康，必须实施强制性环境质量标准的程度。

3 日本土壤环境质量标准体系的经验和启示

土壤自身具有异质性和复杂性，包括土地应用功能、作物及环境条件具有差异性和多样性，土壤污染具有间接性和隐蔽性，以及土壤污染危害的多途径与多受体性等。因此，对土壤环境质量的界定与表征相当困难，土壤环境质量标准的制定也十分复杂。我国土壤类型多样、区域差异大，环境标准和基准研究薄弱，在借鉴国外同类标准时，难以直接参考污染物限值。可以从以下方面借鉴日本土壤环境质量标准体系的经验，完善我国的土壤环境质量标准体系。

3.1 根据地域和污染物类型开展土壤环境质量评估

日本的土壤环境质量标准体系主要包括农田、工业和城市、二噁英类、放射性污染物质 4 类土壤环境质量标准。这一标准体系的形成不是一蹴而就的，而是根据日本在不同发展阶段面临的土壤环境问题，针对不同土地类型和不同污染物性质，制定不同的限值标准，逐步形成了完善的土壤质量标准体系。

我国新实施的两项土壤环境质量标准，按照不同的土地利用类型进行分类，并考虑了不同土地利用类型的特点，对铅、镉等多项污染物的限值进行了调整，增加了多项有机污染物限值。新标准中土地类型包括农业用地、建设用地，没有明确不同土壤类型的差异考虑。建议在新标准实施过程中，根据不同地域和污染物类型的评估结果，形成有针对性的质量标准，完善土壤质量标准体系。

3.2　注重开展研究，为基于风险管控的质量标准提供科技支撑

日本的《环境基本法》规定了政府制定环境质量标准的目的在于保护人类健康以及生存的生活环境，《土壤污染对策法》还对特定有害物质的人类健康风险专门做了说明，体现了日本土壤污染风险管理的技术路线，从方法数据到科研管理形成了有效的科技支撑。国内土壤环境标准和基准研究仍然薄弱。应针对我国土壤环境中的关注污染物，开展土壤环境标准制修订所需的支撑性研究，从土壤污染含量、增量到不同土壤类型中污染物活性、不同用地方式中的污染暴露途径、不同受体可能面临的实际危害、土壤污染风险的综合评价，为土壤环境标准值的合理定值和可行性论证提供科学依据，为适时修订、完善标准打下扎实基础。

3.3　注重信息公开，提高公众参与

为了让公众及时了解标准制定的背景、依据、实施状况等信息，日本在制定土壤环境质量标准时，开展了大量的监测及跟踪监测，并将监测信息公布出来。例如，在将镉、铜、砷 3 种重金属列为有害物之后，日本开展了“农用地土壤污染防治对策细密调查”，并公示了调查结果，清晰地列出了各项污染物质的超标地域数目和面积，以及治理完毕情况，使公众及时了解了土壤污染状况的同时，也看到了相关质量标准起到的管理作用。建议我国适时适当公布详细的土壤污染状况信息，使群众了解具体区域的土壤状况，欢迎公众参与政府决策或感受到政策效果，保证公众的知情权和参与权，促进公众增强意识，群策群力，共同参与和督促土壤环境质量改善工作。

参考文献

[1] 陈平. 日本土壤环境质量标准体系现状及启示[J]. 环境与可持续发展，2014，39（6）：154-159.

[2] 陈平，程洁，徐琳. 日本土壤污染对策立法及其所带来的发展契机[J]. 环境保护，2004（4）：60-63.

[3] 骆永明，夏家淇，章海波，等. 中国土壤环境质量基准与标准制定的理论和方法[M]. 北京：科学出版社，2015.

[4] 陈平，邢冠华，吕怡兵，等. 日本地表水环境质量标准体系构成分析[J]. 中国环境监测，2011，27（S1）：68-73.

[5] 陈平，李金霞. 日本土壤环境质量标准体系形成历程及特点[J]. 环境与可持续发展，2015，40（2）：105-111.

[6] 齐文启，孙宗光，李国刚. 日本土壤环境质量标准的制定[J]. 上海环境科学，1997，16（3）：4-6.

[7] 陈平，翟超英，程洁. 日本农田土壤环境质量监测综述[J]. 环境与可持续发展，2016，41（1）：117-123.

二、美国、荷兰及日本土壤环境质量标准经验分析及启示①

土壤污染防治的核心是管控风险，基于风险的土壤环境质量标准是实现污染土壤风险管理的重要手段，已经在发达国家广泛使用。美国国家环保局于 1996 年颁布了土壤筛选值（SSLs），2003 年颁布了生态筛选值（Eco-SSLs）。荷兰基础设施与环境部于 2009 年修订了土壤干预值（IVs）。日本根据污染物含量和溶出量制定了限值标准，也是基于风险的土壤环境质量基准和导则。以上 3 个国家的土壤环境质量标准体系已经较为完善，但各有不同。通过对比分析，提出一些建议。

1　美国、荷兰、日本土壤环境质量标准体系概况

国外大多数国家都比较认可基于健康风险制定的土壤环境质量标准体系，部分国家的相关标准和技术文件已经十分成熟和完善，如美国、荷兰、英国等都建立了污染土壤风险评估导则和基于风险的土壤环境质量标准。日本的土壤环境标准以土壤浸提液中污染物的含量限值来表征，与其他国家的定值方法有所不同。

1.1　美国土壤环境质量标准体系

美国国家环保局（EPA）颁布的土壤标准主要分为两种，旨在保护人体健康的土壤筛选值（Soil Screening Levels，SSLs），以及保护生态受体安全的土壤生态筛选值（Ecological-Soil Screening Level，Eco-SSLs）。同时，还制定了相对应的

① 本文作者：刘平、李盼文。

《土壤筛选导则》（SSG）和《土壤生态筛选导则》（Eco-SSG），并于 2002 年颁布了《超级基金补充土壤筛选导则》（Supplemental Guidance for Developing Soil Screening Levels for Superfund Sites）[1]。大多数州的土壤环境质量标准制定采用基于人体健康风险的筛选值。

美国很多州的环保局还依据自身情况制定了本州的土壤筛选值，如加利福尼亚人体健康筛选值（California Human Health Screening Levels）、佛罗里达土壤修复目标值（Florida Soil Cleanup Target Levels）、新泽西土壤修复标准（New Jersey Soil Cleanup Criteria）等。美国国家环保局各大区也制定了土壤筛选值：3 区的风险浓度值（Risk Based Concentration，RBC）、6 区的人体健康筛选值（Human Health Medium Specific Screening Levels，HHMSSL）和 9 区的初步修复目标值（Preliminary Remediation Goals，PRGs）。之后美国国家环保局将这 3 个区的筛选值合并为区域筛选值（Regional Screening Levels，RSLs）。区域筛选值是普适性的筛选值，区域筛选值的网站提供在线计算工具，通过代入场地特征参数可以计算具体场地的筛选值（Site Specific Target Levels，SSTL），并提供了用户使用导则[2]。

筛选值主要用于超级基金场地土壤风险的初步筛选和初步修复目标值的制定。若土壤污染物浓度高于筛选值，并非直接认定为需要采取修复措施，而是需要对该场地进行进一步调查，以判断其有害程度和需要采取的修复程序。若低于筛选值，则不需要采取进一步措施。

1.2 荷兰土壤环境质量标准体系

荷兰于 20 世纪 80 年代初便开始关注土壤污染问题，采取了有效措施加强土壤环境管理，建立了土壤可持续利用工作机制，完善了土壤环境管理的法律及相关标准，并制定了严重污染场地清单[3]，其中重点规定对持续区域性污染活动应采取防护性措施。范围较大的分散污染源也会引起土壤污染，但总体来说，并不会造成严重的场地污染，因此清单中并没有将其列为需要进行清理的场地。1987 年开始实施的《土壤保护法》规定，严禁进行污染土壤的生产生活活动。原则上，如果土壤污染发生于法律生效之后，无论风险大小，都应将污染移除；对于 1987 年之前造成的场地污染，如果污染物有移动和扩散性，则需要在成本有效的基础上尽快移除污染；如果污染物没有移动或扩散性，则依照场地的最终用途，将污染治理到必要的程度（用途导向原则）。最低合理可行原则（The ALARA principle，As Low as Reasonably Achievable）以及最佳可用技术在土壤污染控制中的应用也对土壤修复和风险防控起到积极作用。

在实践中，防范和控制所有的土壤污染是不可行的，因此荷兰《土壤保护法》规定只要土壤环境质量不恶化、土壤的多功能性不受损害，土壤污染就处于可接受的范围。为此，荷兰基础设施和环境部采用两种基于风险的土壤环境质量标准值来表征土壤的污染程度和据此需要采取的措施，分别是目标值（Target Value）和干预值（Intervention Value），此外还制定了介于两者之间的中间值（Intermediate Value）。目标值接近于土壤环境背景值，一般指最大允许生态概率风险 HC_5（95%的生物受到保护的水平）为 1%时的浓度值；干预值指土壤受到较严重污染，存在不可接受的潜在风险，需要立即采取修复措施的污染物浓度值；中间值类似于其他国家的土壤筛选水平，当污染物浓度介于目标值和中间值之间时不需要采取进一步的风险评估措施，当污染物浓度介于中间值和干预值之间时则需要采取进一步的风险评估以确定是否需要进行修复。荷兰的土壤及地下水目标值及干预值多达 100 余种，分别针对不同的土壤污染物，其中重金属元素涉及 14 种[4]，同时也对重金属的不同价态和形态进行了限值规定，全面考虑到人体健康和生态安全。另外，荷兰还定义了全国的修复目标值（Reference Value）用于明确采取修复措施后土壤中污染物允许浓度值，该数值根据土地利用类型不同而略有不同。

荷兰基础设施和环境部负责制定土壤管理的总体政策，包括《土壤保护法》及其综合管理法令、土壤质量目标以及污染场地风险评估程序等。省、市等地方主管部门负责执行《土壤保护法》及相关法规，并负责污染场地的具体修复工作。荷兰公共健康和环境保护研究院（RIVM）负责制定土壤质量目标和风险评估程序等科学管理手段。土壤保护技术委员会（TCB）为土壤保护政策的制定提供科学技术依据。可以看出，荷兰的土壤污染防治工作取得的成绩来源于政府、研究机构、企业等相关方共同的合作。

1.3　日本土壤环境质量标准体系

日本土壤环境质量标准体系由土壤环境质量标准和质量监测技术规范组成。其中土壤环境质量标准包括 4 类项目：农田污染物质项目、工业和城市用地土壤中有害污染物质项目、二噁英类（Dioxins）物质项目和防治放射性污染物质项目4个部分。土壤环境质量监测技术规范包括相应的监测规范和各类污染物监测技术手册及监测准则等内容[3]。

日本的土壤环境质量标准体系的发展，体现了其社会发展阶段中不同的环境问题。1968年日本官方首次承认“痛痛病”的病因是金属镉污染。为了防治农田土壤污染，日本于1970年颁布了《农用地土壤污染防治法》，制定土壤环境质量标准，开展土壤环境质量监测，开始了土壤污染的防治工作。此次立法规定了镉为有害物质，规定了大米中镉的含量标准，之后又增加了铜和砷，以水田土壤铜和砷含量为标准。1975年东京都发生了“六价铬矿渣填埋事件”，其后又发生了三氯乙烯等有机物通过土壤污染地下水事件，促使日本开展了对重金属、VOCs等污染物质的研究，整合了农田土壤环境质量标准和城市与工业用地土壤环境质量标准，并于1991年发布了《土壤环境质量标准》。修订了质量标准，除Cu以外，规定了浸出液中24种污染物的浓度[4]。为保护地下水的涵养功能和水质净化功能，又增加了氟和硼标准。1998年大阪府、和歌山县等地相继发生了土壤二噁英类（Dioxins）物质污染事件，为了防治此类污染事件，日本环境省于1999年颁布了《二噁英类物质对策特别措施法》并依此制定了二噁英类物质环境质量标准。2011年日本发生强地震，引发了福岛核泄漏事故，为防止放射性物质污染，日本环境省修订了《土壤污染防治法》，并发布了土壤中放射性物质暂定容许值，超过暂定容许值时要对土壤进行污染修复。

2 土壤环境质量标准体系对比分析

2.1 功能定位不同

美国的土壤筛选值数值较为保守，用于保护人体健康，是判断土壤潜在污染风险的标准，超出筛选值的土壤需要进一步调查研究再决定管理或者修复措施。此外，美国的筛选值还可以作为最优修复目标值。荷兰的质量标准包括目标值（Target Value）、干预值（Intervention Value）和中间值（Intermediate Value）。目标值是基于最大允许浓度值而制定的，数值相对保守，低于目标值意味着风险可以忽略或者土壤清洁，而超过干预值意味着污染风险不可接受，必须采取修复措施，但需要进一步确认紧迫性，中间值的作用相当于筛选值[5]。而日本的《土壤污染对策法》规定，如果土壤中的某种污染物质超过标准，则需要把该土地列为污染区，并登记在册，登记簿向公众公开。根据公众健康危害风险是否存在又将污染区分为需治理污染区和改变土地利用方式时需报告污染区。在治理消除公众危害后，转为需报告污染区，治理到符合标准时，可从登记簿中删除[6]。

2.2　制定方法不同

美国标准主要从人体健康风险的角度出发，通过科学研究，根据人体、动物和植物摄取的污染物水平数据，结合不同暴露场景下的参数进行推导出来。主要的参考文件为《超级基金土壤筛选导则》和《土壤筛选导则》。针对室内蒸汽吸收暴露途径的计算，可参照美国国家环保局的《地下蒸汽向空气扩散技术导则》（Technical Guide for Assessing and Mitigating the Vapor Intrusion Pathway from Subsurface Vapor Sources to Indoor Air）。对于土壤污染物向地下水扩散的情况，可依次参照地下水质量标准的非零最大污染水平目标（non-zero Maximum Contamination Level Goal）、最大污染水平和饮用水的基于百万分之一的健康风险水平。美国国家环保局制定土壤筛选值（SSLs）和美国 9 区制定区域筛选值（RSLs）时使用空气扩散因子模型，基于全美 9 大区 29 个城市多年的地面和气象统计资料来计算各个城市的空气扩散因子（air dispersion factor，Q/C），并选取 29 个城市该参数值的 95%置信区间上限作为全国的默认值[7,8]。

荷兰的目标值是根据最大允许浓度值（Maximum Permissible Concentration，MPC，即 5%生态物种和微生物过程或酶活性受到影响的土壤污染物浓度）制定的。最大允许浓度值是从两类物种敏感性分布（SSDs）曲线中得出的，一是土壤污染物总浓度与潜在受影响的物种的分数的关系曲线上取 HC_5 值；二是土壤污染物总浓度与微生物过程或酶活性受影响的分数的关系曲线上取 HC_5 值。从中取两类 HC_5 的低值再除以 100（安全系数）即为目标值。干预值是基于两个方面得出的：一是 50%的生态物种或微生物过程受到影响；二是对人体健康可能造成不可接受的风险。在分别得到基于生态毒性和人体健康风险的土壤临界浓度后，通常取两者中的低值为干预值。特殊情况下，当较低值的不确定性很高时，取较高的值作为干预值[5,9]。而且荷兰同时考虑了生态风险和人体健康风险，并取较低值，也使荷兰的标准更为严格[10]。

日本农田土壤环境质量标准依据《农用地土壤污染防治法》制定，其中 As 和 Cu 含量标准是根据保护人体健康，并且不影响和阻碍农作物生长和产量制定的水田土壤含量限值。考虑到土壤中影响镉生物有效性的原因很多，镉含量标准是根据引起“痛痛病”的标准值大米中镉含量≤0.4 mg/kg 制定的。在制定工业、城市用地土壤质量标准时，特别设立了浸出液（将土壤和 10 倍量的水混合，将污染物浸出）标准。除 Cu 以外，规定了浸出液中 24 种污染物的浓度[4]。日本土壤环境质量标准限值包括含量标准限值和溶出标准限值。前者体现了直接摄入土壤污染物的风险，只针对重金属；后者体现了土壤污染物渗入地下水并被人饮用后对人类健康造成的风险，按照在污染土壤上生活 70 年，每天饮用地下水 2 L，发生健康损害的概率为十万分之一[11]。11 项 VOCs 和 5 项农药与 PCBs 物质只制定了溶出标准[12]。《二噁英类物质对策特别措施法》中对此类物质的规定采用“耐容一日摄取量（TDI）”来表示，当土壤中的二噁英类物质含量超过 250 pg-TEQ/g 时，就需要进行必要的调查[13]。首先，对于放射性物质，日本农业环境省技术研究所从 1959 年开始 50 年的农田土壤监测结果，并计算连续 40 年施用含有放射性铯的浓度≤400 Bq/kg 的农田肥料，也不会超过大地震前的本地值水平。然后，从操作角度看，此暂定标准值也满足日本核安全委员会制定的外部暴露标准（10 μSv/h），进而规定铯规定暂定容许值：Cs（铯）≤4 00 Bq/kg[11]。

2.3 土地利用划分及暴露途径不同

美国的土壤质量标准主要针对工业和居住用地，暴露途径也主要考虑了室外暴露途径，包括口腔摄入、皮肤接触、吸入灰尘和吸入来自土壤的蒸汽。荷兰的土壤质量标准体系并没有土壤利用方式的划分，但是在暴露途径上考虑较为全面，除了室外暴露途径，还考虑了室内的吸入源自土壤或地下水的蒸汽、饮食暴露和地下水直接接触暴露等[16]。日本的土壤质量标准分为农田和城市与工业用地两种。农田土壤质量标准主要考虑了饮食暴露，而城市与工业用地主要考虑了直接暴露途径，溶出标准考虑了土壤中污染物向地下水迁移并被人饮用的风险。

2.4 毒性参数不同

美国标准常用的毒性参数包括：美国国家环保局综合风险信息系统（IRIS）、美国国家环保局提供的临时性专家评估数据（PPRTVs）、毒性物质和疾病注册署（ATSDR）的最低风险水平值（MRL）、加利福尼亚州环保局的毒性值、美国国家环境局制定的健康效应评价总表（HEAST）等。荷兰目标值和干预值制定时采用的生态毒性参数和人体毒性参数都主要来自荷兰国家公共卫生与环境研究所的风险评价数据库，并不断在土壤调查和研究中进行更新。

3 美国、荷兰和日本土壤环境质量标准体系的经验和启示

自 2018 年 8 月 1 日起，新修订的《土壤环境质量　农用地土壤污染风险管控标准（试行）》和《土壤环境质量　建设用地土壤污染风险管控标准（试行）》正式施行，完善了老版标准的缺陷和不足，更加科学合理地指导农用地和建筑用地土壤安全利用；2019 年 1 月 1 日起，《中华人民共和国土壤污染防治法》正式施行，这是我国首部规范土壤污染防治的专门法律。新制定的土壤质量标准体系引入了风险评估的思想，规定了风险筛选值和风险管制值两类标准值，为开展农用地分类管理和建设用地准入管理提供技术支撑，对于贯彻落实《土十条》，保障农产品质量和人居环境安全具有重要意义。但我国环境标准和基准研究起步晚、基础相对薄弱，美国、荷兰和日本的许多经验值得我们借鉴。

3.1 加强调查研究和大数据分析，制定符合我国国情的剂量—效应模型

污染物的人体健康毒性参数（如不同暴露途径的参考剂量或浓度以及致癌斜率因子、吸收效率因子等）是进行毒性评估的重要依据。但目前我国针对土壤环境风险评估的水文地质参数、建筑参数、土壤性质参数等缺乏基础性研究，加上我国不同地区土壤类型和性质差异较大，土壤污染类型复杂，难以形成统一的土壤基准值。鉴于土壤环境质量标准制定的紧迫性，很难待所有地区开展研究后再制定参数，可以借鉴美国制定空气因子扩散模型的经验，在全国选取典型地区相关参数平均值的 95%的置信上限，作为基准值默认参数。同时加强与其他科研单

位的合作，开展全国性的场地调查，通过大数据分析，建立符合我国国情的剂量—效应模型，从统计学意义上最大限度地保证农作物生长和食品安全。

3.2 加强土壤重金属分析研究，增加重金属有效态标准以及监测技术规范

土壤重金属的总量并不代表生物有效性，土壤的有机质含量等性质对重金属的生物有效性影响较大，越来越多的人意识到土壤重金属形态分析的重要性，并开始利用形态提取方法研究土壤重金属的活性[15,16]。如今国际上常用的重金属形态分类方法有 BCR 提取法、Tessier 提取法等，日本的土壤标准中规定了重金属含有量和水浸提态两种标准，同时监测防范直接摄入土壤污染物的风险和土壤污染物渗入地下水后被人类饮用造成的风险。因为我国当前还没有统一制定重金属有效态提取方法，仍然采用土壤总量值作为标准，应该加强基础科学研究，开发出适用于我国不同土壤类型的重金属有效态提取技术规范。借鉴日本经验，制定重金属总量与有效态双重指标限值，形成以重金属有效态为基准的风险防控机制。

3.3 调动地方政府和研究机构积极性，因地制宜制定土壤环境质量标准

美国在国家环保局制定土壤筛选值的同时，州政府和下属区也制定了当地的土壤标准，最终整合为区域土壤筛选值（RSLs），更具可操作性。我国地域广阔，土壤类型众多，地区之间差异很大，不可能完全使用统一的土壤环境质量标准体系，应充分发挥地方政府的作用，因地制宜制定符合当地地理环境、生活习惯和社会经济条件的土壤标准体系。当前我国许多地方已经制定了当地的土壤标准，如北京市和浙江省出台了住宅用地土壤污染评估标准，上海市发布了敏感性用地土壤健康风险筛选值，可能还需根据即将新出台的土壤环境标准体系进行调整。此外，我国城乡生活方式和住宅类型差异较大，有些乡村居民会在住宅地种植蔬菜粮食作物，地方在根据国家标准体系调整的同时，还应该注重考虑当地人城乡生活习惯、暴露模式和建筑类型差别，区别制定城乡住宅用地土壤标准。当前也有一些国家和地区制定了城乡差异的住宅用地土壤标准，如香港地区对农村和城

市住宅用地分别制定了基于风险的修复目标值，英国将住宅用地分为有自产作物和无自产作物的住宅用地。

3.4　完善法律法规和监测体系，建立长效的土壤环境风险管控机制

美国、荷兰、英国、加拿大等发达国家对土壤环境基准的研究比我国起步要早20～30年，至今仍在不断地发展、完善和更新。我国土壤环境质量管理当前处于初步改革攻坚期，2019年1月1日《土壤污染防治法》正式实施，应抓住时机，建立完善法律法规，切实发挥基于风险的土壤环境质量标准的作用，建立长期的土壤环境监测机制，不断完善土壤环境标准规范，建立完善预防为主、保护优先、分类管理、风险管控的土壤环境管理机制。

参考文献

[1] United States Environmental Protection Agency，Superfund Soil Screening Guidance [EB/OL]. https：//www.epa.gov/superfund/superfund-soil-screening-guidance. 1996.

[2] United States Environmental Protection Agency，Regional Screening Levels（RSLs）-User's Guide [EB/OL]. https：//www.epa.gov/risk/regional-screening-levels-rsls-users-guide-june-2017. 2018.11.

[3] Colin C Ferguson. Assessing Risks from Contaminated Sites：Policy and Practice in 16 European Countries[J]. Land Contamination & Reclamation，1999，7（2）：33-54.

[4] 章海波，骆永明，李远，等. 中国土壤环境质量标准中重金属指标的筛选研究[J]. 土壤学报，2014，51（3）：429-438.

[5] 陈平. 日本土壤环境质量标准体系现状及启示[J]. 环境与可持续发展，2014，39（6）：154-159.

[6] 齐文启，孙宗光. 日本土壤环境质量标准的制定[J]. 上海环境科学，1997，16（3）：4-6.

[7] 宋静，陈梦舫，骆永明，等. 制订我国污染场地土壤风险筛选值的几点建议[J]. 环境监测管理与技术，2011，23（3）：26-33.

[8] 宋德君，武晓峰. 日本《土壤污染对策法》的修订及其启示[J]. 污染防治技术，2014，27（4）：82-88.

[9] United States Environmental Protection Agency，Soil screening guidance technical background document[S]. 1996，95.

[10] 徐猛，颜增光，贺萌萌，等. 不同国家基于健康风险的土壤环境基准比较研究与启示[J]. 环境科学，2013，34（5）：1667-1678.

[11] Carlon C，D'Alessandro M. Derivation methods of soil screening values in Europe. A review and evaluation of national procedures towards harmonization[J]. European Commission，Joint Research Centre，Ispra，EUR，2007：306.

[12] Provoost J，Cornelis C，Swartjes F. Comparison of soil clean-up standards for trace elements between countries：why do they differ？[J]. Journal of Soils and Sediments，2006，6（3）：173-181.

[13] 骆永明. 中国土壤环境质量基准与标准制定的理论和方法[M]. 北京：科学出版社，2015.

[14] 陈平，李金霞. 日本土壤环境质量标准体系形成历程及特点[J]. 环境与可持续发展，2015，40（2）：105-111.

[15] 陈平，程洁，徐琳. 日本土壤污染对策立法及其所带来的发展契机[J]. 环境保护，2004(4)：60-63.

[16] 张红振，骆永明，夏家淇，等. 基于风险的土壤环境质量标准国际比较与启示[J]. 环境科学，2011，32（3）：795-802.

[17] Ure A M，Quevauviller P，Muntau H，et al. Speciation of heavy metals in soils and sediments. An account of the improvement and harmonization of extraction techniques undertaken under the auspices of the BCR of the Commission of the European Communities[J]. International journal of environmental analytical chemistry，1993，51（1-4）：135-151.

[18] Chojnacka K，Chojnacki A，Górecka H，et al. Bioavailability of heavy metals from polluted soils to plants[J]. Science of the Total Environment，2005，337（1）：175-182.

三、新加坡“零废物”国家建设经验及启示①

2014 年 11 月，新加坡发布《新加坡可持续蓝图 2015》(Sustainable Singapore Blueprint 2015)，提出建设“零废物”国家愿景和目标——实现食物和原料无浪费，并尽可能再利用和回收。到 2030 年，新加坡的废物回收率达到 70%。生活垃圾回收率达到 30%，非生活垃圾回收率达到 81%。提出建设“零废物”国家愿景 3 年多来，新加坡“零废物”国家建设取得积极进展，各项措施有序推进。

1 新加坡迈向“零废物”国家的愿景和目标

2004 年，“零废物国际联盟”发布了经同行评议过、国际公认的“零废物”定义。“零废物”是一个合乎道德的、经济的、有效的和有远见的目标，它指导人们改变生活方式并按照符合可持续自然循环的方式生产与生活，所有被废弃的材料都可被设计变成其他人可用的资源。“零废物”思想是对产品和生产过程进行系统的设计和管理以避免或减少废物及有毒废物的排放，保护和再利用所有资源，而不是将它们烧掉和填埋。废物排放到土地、水和大气中，会威胁地球、人类、动物和植物健康，因此，执行“零废物”理念必须减少所有污染物的排放[1]。

2014 年 11 月，新加坡发布《新加坡可持续蓝图 2015》(以下简称《蓝图》)，对废物管理系统提出大胆设想，提出“迈向零废物”国家愿景，旨在为新加坡民众提供更加宜居和可持续发展的未来。《蓝图》提出，“通过‘3R’(减量、再利用和再循环)，努力实现食物和原料无浪费，并尽可能将其再利用和回收，给所有材料第二次生命，使新加坡成为一个‘零废物’国家。政府、社区和企业将一起

① 本文作者：王语懿、张永涛。

落实基础设施和项目，使这种生活方式成为可能。保持新加坡的清洁健康，节约宝贵资源，腾出本来用于填埋的土地为子孙后代享用”。[2]

《蓝图》提出新加坡“零废物”国家的目标：到 2030 年，废物综合回收率达到 70%，生活垃圾回收率从 2013 年的 20%上升到 2030 年的 30%，非生活垃圾回收率从 2013 年的 77%上升到 2030 年的 81%。

2 迈向“零废物”国家的措施

2.1 《新加坡可持续蓝图 2015》提出的措施

《新加坡可持续蓝图 2015》提出迈向“零废物”国家的 4 项基本措施：一是在所有新组屋（HDB flats）中为可回收废物引入中央垃圾溜槽（溜槽，指从高处向低处运东西的槽，内面光滑，废物能自动溜下），并通过更好的基础设施支持促进私人住房垃圾的回收；二是在更多组屋中引入气动垃圾运输系统，为垃圾便利、卫生地处理提供支持；三是建立一个综合的废物管理设施将可回收物品从废物进行分离；四是采取更多措施减少食品饮料行业的食品垃圾，并改善电子电器废物的回收利用。

除上述基本措施外，《蓝图》提出以下 5 项具体计划：一是新加坡自愿包装协议；二是大型商业场所强制性废物报告；三是“3R”基金；四是食品垃圾回收策略；五是全国自愿回收电子垃圾伙伴关系计划。

2.1.1 新加坡自愿包装协议

《新加坡自愿包装协议》（Singapore Packaging Agreement，SPA）是新加坡努力减少包装废物的重要组成部分。包装垃圾在新加坡占比较大，相当于新加坡生活垃圾总量的 1/3。SPA 目前有超过 140 个签署者，包括行业协会、公司、非政府组织和废物管理公司。自 2007 年推出第一个 SPA 以来，签署方累计减少约 2 万 t 包装废物，节省本地消耗品的物料成本超过 4 400 万新加坡元（约合 2.17 亿元人民币）。

2.1.2　大型商业场所强制性废物报告

新加坡大型商业场所通常提供回收箱，但回收率仍然较低。在许多大型酒店，回收率估计不到 10%。自 2014 年 4 月以来，新加坡国家环境局规定大型商业场所必须报告废物数据并提交减少废物的计划。与《能源保护法》（Energy Conservation Act，ECA）和《水资源效率管理计划》（Water Efficiency Management Plans，WEMP）一样，废物报告侧重于使业主和管理人员注意废物管理过程改进的潜力，并鼓励他们采取行动。新加坡国家环境局还与企业密切合作，设计适合其运营环境的废物管理计划。

2.1.3　“3R”基金

“3R”基金用于支持减少废物和回收利用项目，重点关注食品、塑料和玻璃等回收率较低的废物流。“3R”基金在新加坡香格里拉大酒店、城市广场购物中心和新加坡国立大学等地共同资助了许多（包括回收项目）成功的项目。其目前正在运行的 20 个项目预计每年将减量、再利用和回收 2.5 万 t 废物。

“3R”基金是一项共同资助计划，旨在鼓励机构进行废物最小化及回收计划。“3R”基金申请可在一年中的任何时间提交。新加坡的任何组织，包括公司、非营利组织、非政府组织、市议会、学校、机构和 MCST 等管理机构都可以申请“3R”基金。“3R”基金的项目申请资格为：必须增加固体废物（不包括有毒和化学废物）的回收量或减少固体废物的产生量。在整个项目期限内，最少减少、再利用或回收 100 t。具有新颖创新的工艺和概念的项目，以食品、塑料和玻璃等低回收率废弃物为目标的项目将被列为重中之重。“3R”基金的资助比例高达 80%，每个项目或每个申请人的上限为 100 万美元。资金水平将取决于减少或回收废物的数量和类型。拨款将根据重要结果进行计算，如减少或回收的废物的实际数量。与非签署方相比，新加坡包装协议（SPA）签署方有资格获得两倍的资金。“3R”基金项目最长期限为 3.5 年，在 3.5 年内，准备阶段和运营阶段的最长期限分别为 0.5 年和 3 年。运营阶段的最短持续时间为 1 年。

2.1.4 食品垃圾回收策略

新加坡国家环境局估计，新加坡产生的废物中约有10%是食品垃圾，而食品垃圾的回收率不足 15%。为更有效地减少和回收食品垃圾，“3R”基金在酒店和商场等场所资助食品垃圾就地处理试验。新加坡国家环境局也正在探索在小贩中心（Hawker Centre）进行这种处理的可行性。

2.1.5 全国自愿回收电子垃圾伙伴关系计划

新加坡国家环境局正在考虑一个全国性的自愿合作计划，以回收所有电气和电子设备，包括ICT设备、家用电器和消费电子产品。还将采取措施来提高公众意识，促进公众养成电子废物回收的习惯。

2.2 《新加坡可持续蓝图2015》发布后的行动

2.2.1 食品垃圾

为实现“零废物”国家目标，新加坡国家环境局采取了一系列措施。2015年11月，针对消费者调查发现的食物过期是造成家庭食品垃圾的主要原因，新加坡国家环境局推出一项推广计划，将相关教育材料在报纸、电视和社区等进行宣传展示，鼓励市民明智地购买和储存食物。在官方网站上发布《爱你的食物》指南，提供家中和外出就餐时减少食品垃圾的建议。2016年，举办“爱你的食物”食谱竞赛，鼓励民众提交利用常见食物的创意食谱。2017年4月，新加坡国家环境局启动了为期两年的“在学校爱你的食物”（Love Your Food @ Schools）项目，在10所参与学校推出闭路食品垃圾管理系统，鼓励青年珍惜食物并采取行动减少食品垃圾。此外，新加坡国家环境局同新加坡农业食品与兽医局及各行业利益相关者合作，为食品零售企业、超市和食品制造企业制订食品垃圾最小化指南，以减少整个供应链的食品垃圾。

在垃圾分类、处理和回收方面，新加坡国家环境局鼓励组织和个人将未售出和过剩的食品捐赠给食品分销组织。在小贩中心推出现场食品垃圾处理试点，测试现场食品垃圾处理系统的经济可行性和操作可行性。此外，新加坡国家环境局正在进行一个试点项目，以评估将源头分离的食品垃圾收集和运输到异地处理设施的可行性，在该设施中，食品垃圾与废水污泥共同消化。将从各处所收集的源头分类的食品垃圾运送到位于乌鲁班丹的后水回收厂（Ulu Pandan Water Reclamation Plant）的示范设施。建成后，示范设施每天可处理高达 40 t 的食品垃圾和废水。

2.2.2　新加坡自愿包装协议

第一份《新加坡自愿包装协议》（SPA）于 2007 年签署。5 年有效期过后，多方机构在 2012 年签署了第二份协议。第二份协议原定于 2015 年 6 月结束，现在已延期 5 年至 2020 年 6 月，以使签署方能够巩固迄今所取得的良好成果。截至 2017 年，SPA 签署者达到了 199 个，累计共减少了 39 000 t 包装废物，节约了 9 300 万新加坡元（约合 4.6 亿元人民币）的支出。

自 2008 年起，新加坡设置“年度 SPA 奖”（3R Packaging Awards），以表彰在减少包装浪费方面作出显著努力和成果的签署方。2017 年，为了纪念 SPA 十周年，新加坡推出“SPA 十周年特别成就奖”，以表彰在减少包装废弃物方面一如既往的卓越表现者；推出“SPA 十周年宣传奖”，以表彰那些积极参与 SPA 拥护其目标的组织或个人。

2.2.3　全国自愿回收电子垃圾伙伴关系计划

2015 年，新加坡国家环境局将全国性的自愿合作项目想法付诸实践，与感兴趣的利益相关者组建电子废物、灯具和电池回收的国家自愿伙伴关系。在这个自愿合作伙伴关系框架下，行业合作伙伴将继续在带头回收计划方面发挥领导作用，并得到新加坡国家环境局的支持和认可。全国自愿回收电子垃圾伙伴关系还将把现有相关合作伙伴计划整合起来，旨在实现以下目标：建立公众对电子废物、灯具和电池回收的意识；为公众提供更方便的回收点；提高服务提供商的回收标准；收集数据和反馈意见，让更多的利益相关者参与制定规范的管理框架。新加坡国家环境局目前正在邀请整个电子垃圾价值链中的利益相关者成为伙伴关系的成员。

合作伙伴关系下利益相关者的描述和责任见表 1。

表 1 全国自愿回收电子垃圾伙伴关系利益相关方的角色和责任

利益相关方团体	描述	角色和责任
公司或机构	公司和组织在运营中产生电子废物。	鼓励公司和组织执行企业政策，妥善管理电子废物（如采用 SS 587①），并聘请合作伙伴的回收服务提供商。
生产商或零售商	生产者（制造商、进口商、供应商等）和零售商将电子电气产品投放市场。	鼓励生产商和零售商与其他合作伙伴合作，牵头制订电子废物回收计划（针对个人或家庭以及企业）。例如，家电零售商可以在交付新产品时为不需要的设备提供回收服务，并将电子废弃物发送给注册的回收服务提供商。
会场合作伙伴	场地合作伙伴包括学校、商场、社区俱乐部和中心等，可以提供空间放置回收箱和/或举办社区回收活动。	鼓励场地合作伙伴支持电子废物回收，提供回收箱空间和/或组织社区活动来传播电子废物回收信息。
电子废物回收服务提供商	回收服务提供商包括收集、运输、分类、处理、回收或以其他方式处理电子废物的收集商、回收商、物流提供商、IT 资产经理等。	鼓励回收服务提供者提高流程标准。必须注册并保持有效的回收服务提供商注册状态才能成为合作伙伴。

新加坡国家环境局通过以下方式对合作伙伴提供支持：提供资金支持回收计划；通过对合作伙伴项目和成果的宣传，为合作伙伴的努力提供认可。

尽管自愿回收电子废物倡议取得了令人鼓舞的成果，但新加坡国家环境局已经认识到自愿性方法的局限性，积极建立规范的电子废弃物管理体系，从而确保电子废弃物回收利用的便利和环保。目前，新加坡国家环境局正在进行研究，开发可行的电子废物收集和回收系统。

为减少电子废弃物对环境的影响，新加坡国家环境局通过对电气和电子设备（EEE）中有害物质的限制（RoHS）实施源头控制。控制措施 2017 年 6 月 1 日生效，限制认定类型的电子电气设备中 6 种有害物质的含量。这将减少重金属进入废物流，增加焚烧灰的潜在可回收性，从而延长实马高（Semakau）垃圾填埋场②

① SS 587 是新加坡管理报废信息通信技术设备的新的自愿标准。它为使用信息通信技术设备的公司和组织提供指南，以便在设备达到使用寿命时以对环境负责的方式管理设备。

② 实马高垃圾填埋场是世界上首个主要采用无机废料（来自新加坡 4 个垃圾焚化场的灰烬），连接实马高岛和锡京岛，建成的垃圾填埋岛。

的使用寿命。

2.2.4 大型商业场所强制性废物报告

2014 年开始，新加坡政府对大型商业场所的业主或使用人实施强制性废物报告，涵盖 90 间酒店及 153 间购物商场。具体要求受影响场所的业主或使用人提交废物数据和减少废物或回收计划。2014 年，新加坡 90 家酒店中有 82 家（91%），153 家商场中有 122 家（80%）实施了回收计划；2015 年，94 家酒店中有 88 家（94%），167 家商场中有 151 家（90%）实施了回收计划；2016 年，97 家酒店中有 92 家（95%），172 家商场中有 162 家（94%）实施了回收计划。

2014—2016 年，新加坡所有商业场所整体平均回收率由 6.5%上升至 7.5%，商场的平均回收率由 6.7%上升至 8.0%，而酒店的平均回收率则由 6.0%下降至 5.5%。

新加坡国家环境局一直与那些产生大量废弃物且回收利用率低的场所业主和使用者积极沟通，并协助在这些场所启动“3R”举措；帮助场所业主和使用者意识到减少废物方面的潜在成本节约，教其制定废物减量化方案，就如何确定场所的废物情况提供建议。

3 新加坡迈向“零废物”国家的进展

“零废物”国家愿景提出 4 年来，新加坡“零废物”国家建设取得积极进展。

在减量化方面，2014—2016 年，新加坡的废物产生量从 751 万 t 增加到 781 万 t，增加了 3.99%，年均增长 1.97%。而 2000—2014 年，废物产生量从 465 万 t 增加到 751 万 t，年均增长率为 3.23%。年均增长率的明显降低体现出新加坡在废物减量化方面的成就。

在回收利用方面，2014—2016 年，废物综合回收率从 60%上升到 2015 年和 2016 年的 61%，一反综合回收率从 2013 年的 61%下降到 2014 的 60%的颓势。生活垃圾回收率从 2014 年的 19%上升至 2016 年的 21%，非生活垃圾回收率从 2014 年的 76%上升到 2015 年的 77%，回收率均有所上升。垃圾回收量从 2014 年的 447 万 t 增加到 2016 年为 477 万 t，增加 6.71%。

横向比较，2014—2016 年，新加坡废物产生量增加 3.99%，废物处理量增加 0.33%（从 2014 年的 304 万 t 增加到 2016 年为 305 万 t，如图 1 所示），废物回收量却增加了 6.71%。废物回收量的增长率远远大于废物处理量增长率，并明显领先于废物产生量增长率，说明新加坡政府推动废物循环利用的政策取得积极成果，正在稳步迈向“零废物”国家。

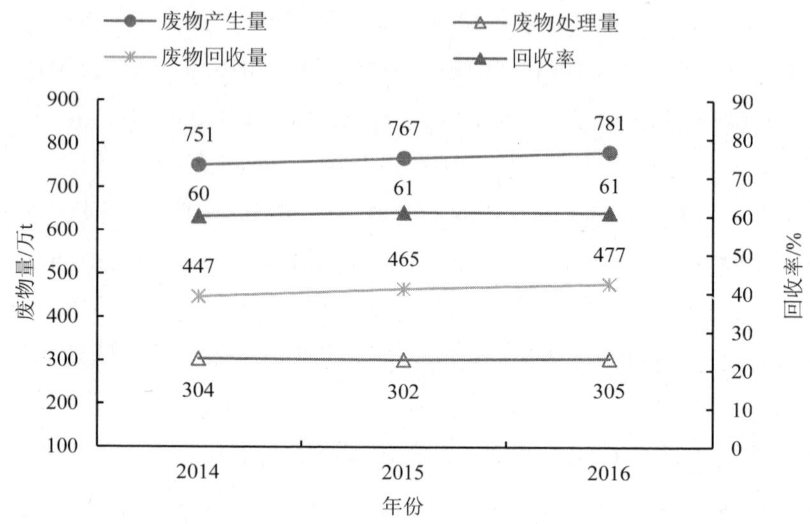

图 1　2014—2016 年新加坡废物统计及回收率

4　中国和新加坡“无废城市”合作潜力

近年来，中国和新加坡两国在生态环保领域的交流和合作不断扩大。在“无废城市”建设方面，双方的合作需求和潜力巨大。

第一，中国有建设“无废城市”的现实需求和内在动力。目前，中国各类固体废物累积堆存量约为 8×10^{10} t，年产生量近 1.2×10^{10} t，且呈逐年增长态势。中国 600 多座大中城市中有 2/3 陷入垃圾“包围”之中，有 1/4 的城市已没有堆放垃圾的合适场所[4]。亟须通过开展“无废城市”建设，破解“垃圾围城”难题，缓解土地资源的紧张局面。另外，近年来我国加快推进生态文明和美丽中国建设，并致力于在全球环境治理中发挥影响力，有通过“无废城市”建设展示生态文明和美丽中国建设成果的内在动力。

第二，新加坡有中国所需的废弃物管理经验。新加坡固废处理经历了从填埋到焚烧和再利用的过程，辅之以源头减量，最终有效解决固体废物处置的难题，在其过程中积累了丰富的管理经验，形成了比较健全完善的法规和标准体系。目前，填埋是中国主要的垃圾处置方式，中国的垃圾焚烧所占的比例非常小。据《2016年城市建设统计年鉴》数据显示，2016 年全国城市生活垃圾焚烧处置率仅为26.5%。中国部分城市固废处理也正在经历从填埋到焚烧和再利用的过程，亟须借鉴新加坡等发达国家的经验。

第三，中国广阔的市场空间对新加坡有很强的吸引力。创新发展、绿色发展是中国“十三五”规划的重要内容。中国正在全面推进大气、水、土壤等领域的污染治理，以及生态文明和美丽中国建设，必将催生更为广阔的环保市场空间。在废物处理领域，据估计，到 2030 年，中国固体废物分类资源化利用产值规模将达到 7×10^{12}～8×10^{12} 元[6]，如此巨大的市场规模必将对新加坡产生巨大的吸引力。

5　中国和新加坡“无废城市”合作建议

5.1　依托中新环境合作政策对话会，加强政策交流

《新加坡可持续蓝图 2015》提出迈向“零废物”国家的 4 项基本措施：一是在所有新组屋（HDB flats）中为可回收废物引入中央垃圾溜槽，并通过更好的基础设施支持促进私人住房垃圾的回收；二是在更多组屋中引入气动垃圾运输系统，为垃圾便利、卫生地处理提供支持；三是建立一个综合的废物管理设施将可回收物品从废物进行分离；四是采取更多措施减少食品饮料行业的食品垃圾，并改善电子电器废物的回收利用。

5.2　开展“无废城市”试点示范合作，共同探索能复制、能实行、可推广的“无废城市”建设模式和经验

中新天津生态城是中国和新加坡两国政府的战略性合作项目，项目以建设一座资源节约型、环境友好型、社会和谐型的城市为目标，起点高、合作基础好。

建议以中新生态城作为双方“无废城市”合作试点城市，在生态城建设中，充分借鉴新加坡废物管理和“零废物”国家建设的经验，从源头上控制垃圾，对废弃物的产生、收集、储存、运输、利用处置实行全过程控制，努力实现垃圾的重复利用和回收，给予垃圾第二次生命，共同探索能复制、能实行、可推广的“无废城市”建设模式和经验，为“无废城市”在全国范围内的推广打好基础。

5.3 开展城市废物治理技术交流合作，推动新加坡先进创新技术向我国的转移转化

建议推动新加坡在废物收集、分离、处理和回收等领域的先进技术向我国转移。可以依托“一带一路”环境技术交流与转移中心（深圳），定期组织举办中国和新加坡城市废物治理技术交流对接活动；提供优惠措施，吸引新加坡废物处理龙头企业和科研机构入驻“一带一路”环境技术交流与转移中心（深圳）；针对废物治理的重大技术问题开展联合研究和攻关，共同解决共性关键技术问题；并推动其创新技术成果率先在国内的应用转化，第一时间推向我国环保市场，并积极开拓第三方市场。

参考文献

[1] 李宇军．“零废物”管理：温哥华的实践及其对中国的启示[J]. 内蒙古大学学报（哲学社会科学版），2011，43（4）：25-30.

[2] Sustainable Singapore Blueprint 2015 [R]. Ministry of the Environment and Water Resources of Singapore，2014.

[3] 国家统计局．中国统计年鉴 2015[M]．北京：中国统计出版社，2015.

[4] 包云，姜言欣，杨广萍. 城市生活垃圾处理现状及发展对策[J]. 环境科学导刊，2015（A01）：48-50.

[5] 杜祥琬，刘晓龙，葛琴，等. 通过“无废城市”试点推动固体废物资源化利用，建设“无废社会”战略初探[J]. 中国工程科学，2017，19（4）：119-123.

四、全球城市生活垃圾管理及对我国的启示[①]

党的十九大报告中将加强固体废物和垃圾处置作为着力解决突出环境问题的重要内容，对固体废物和垃圾进行妥善处置也是实现“美丽中国”建设目标的重要举措。随着经济社会的快速发展和居民消费模式的转变，城市生活垃圾的产量日益剧增。2016 年我国城市生活垃圾清运量为 20 362 万 t，相较 1979 年的 2 508 万 t，增加了 6.6 倍多，年平均增长率高达 5.82%。城市生活垃圾污染引发的环境问题日益突出，全国几乎 2/3 的城市已被垃圾“包围”，并逐渐向农村扩张。

联合国环境规划署（UNEP）高度关注城市生活垃圾问题，2015 年 9 月，与国际固体废物协会联合发布了《全球固体废物治理展望》（GWMO），其中对城市生活垃圾的现状和主要问题进行了分析，主要结论如下。

（1）人均废弃物生成量和收集率与人均收入水平呈正相关。高收入国家的平均生成率是低收入国家的 6 倍多。我国正处于中等收入水平，随着经济水平的提高，城市和农村生活垃圾产生量还将进一步增加。GWMO 估算了 125 个国家的城市生活垃圾收集率，数据显示，低收入国家的平均收集覆盖率为 36%；中低收入国家为 64%；中高收入国家为 82%；高收入国家收集覆盖率则接近 100%。

（2）发达国家垃圾循环利用率较高，我国存在较大差距。美国垃圾的循环利用率从 1960 年的不足 10%增加到 2013 年的 34%；欧盟垃圾的循环利用率由 1995 年的 11.1%增加到 2013 年的 27.3%；澳大利亚垃圾的循环利用率/堆肥处理率则由 1980 年的 12%增加到了 2013 年的 43%。《“十三五”全国城镇生活垃圾无害化处理设施建设规划》提出到 2020 年年底，我国直辖市、计划单列市和省会城市生活垃圾回收利用率达到 35%以上。

---

① 本文作者：张扬、国冬梅。

（3）发达国家精细化管理程度高、处罚力度大。如日本根据垃圾性质不同划分不同的垃圾回收时间，居民错过某种垃圾的丢弃时间，便只能静候下一次垃圾回收；居民错误处置垃圾，则会被垃圾回收公司调查、罚款，甚至被警察拘留并处以高额罚款。此外，对企业、社会团体等组织严重违反法律规定而造成环境破坏的，还考虑增加责令停产停业、暂扣或者吊销许可证和执照等处罚措施。

（4）废物管理必须从源头控制。产品循环利用设计和源头减少垃圾产量被认为是解决城市生活垃圾最根本的方法，解决好垃圾问题需多方（公众、企业、政府、回收部门等）参与，共同施治。同时，城市生活垃圾源头分离对确保废弃物分离成有机和干式可循环组分很重要，米兰是欧洲首座对餐厨废物进行集中源头分离的城市，其精细化管理值得学习借鉴。

1 全球城市生活垃圾生成、收集和处置特点

1.1 城市生活垃圾产量

世界各地城市生活垃圾生成率不尽相同，主要取决于收入水平、社会文化以及气候因素。图 1 显示了 82 个国家人均废弃物生成量与人均收入水平之间的关系。从图 1 中可以看出，人均废弃物生成量同人均收入水平呈正相关，且高收入国家的平均生成率是低收入国家的 6 倍多。各国内部的城市生活垃圾生成率也大不相同。例如，巴西国家数据库显示的 2012 年国家人均废弃物生成量为 310～590 kg。

我国在 2006—2015 年的 10 年间城市生活垃圾产生量增长显著，与此同时，生活垃圾无害化处理率也在增长，从 2006 年的 52.2%增长到 2015 年的 94.1%。同国际上的趋势一样，我国城市生活垃圾的生成量（以垃圾清运量进行统计）也与居民收入呈现显著的正相关，如图 2 所示。

目前我国正处于中等收入水平，随着经济水平的增加，城市生活垃圾产量还将进一步增长。此外，有关调查表明，我国每年农村生活垃圾产生量约为 3 亿 t，并且还在以每年 8%～10%的速度增长。由于长期以来农村垃圾处理技术缺乏，农村地区的垃圾多丢弃于村前屋后，导致土壤、地表水、地下水和大气环境受到严重污染[1]。

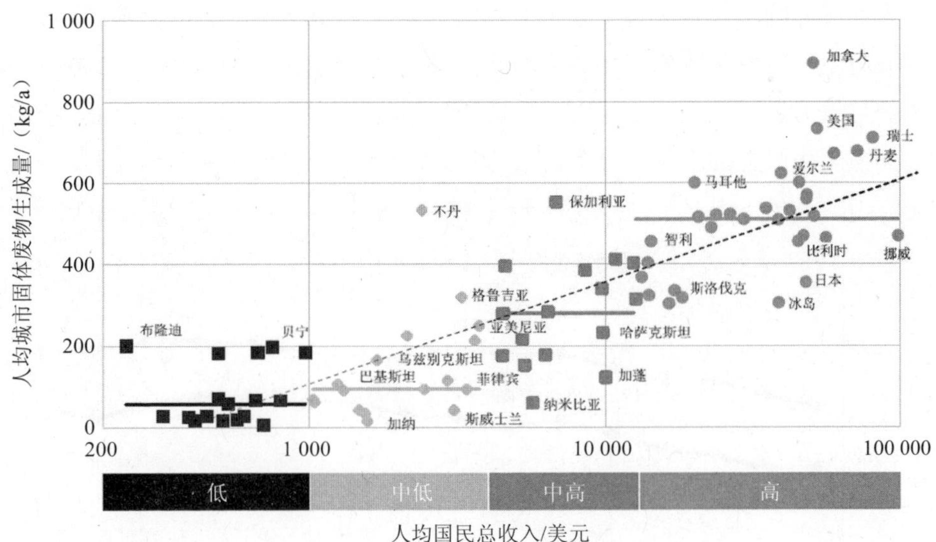

图 1　世界各地收入水平与废弃物生成量对比[1]

（基于 82 个国家 2005—2010 年的数据）

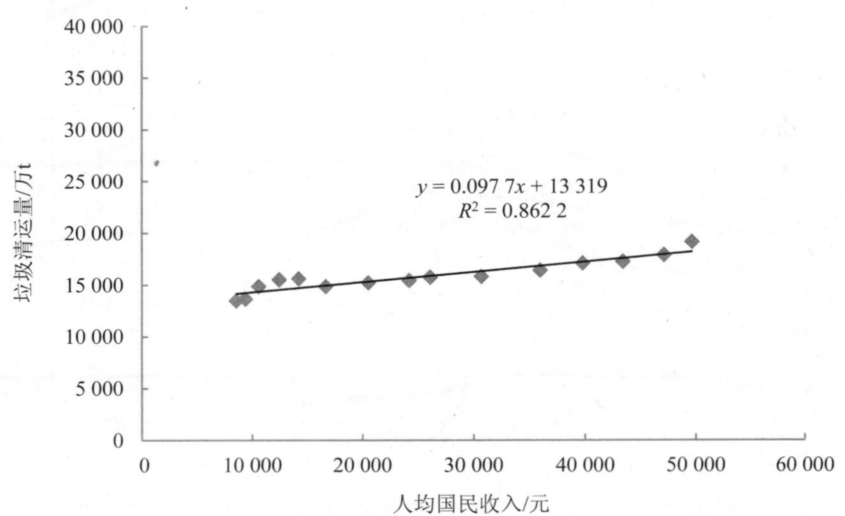

图 2　2006—2015 年我国国民收入水平与城市生活垃圾生成量关系[2]

此外，GWMO 对高收入国家的垃圾生成量进行了统计，结果显示，过去 50

年，人均废弃物生成量大幅增长，且同收入水平密切相关。数据显示，高收入国家的城市生活垃圾生成率开始趋于稳定，甚至稍有回落。这种趋势在 2008—2009 年金融危机前越发明显，表明废弃物增长开始与经济增长“脱钩”。但是，如果经济增长恢复到原有的水平，之前的废弃物增长趋势可能会重现。

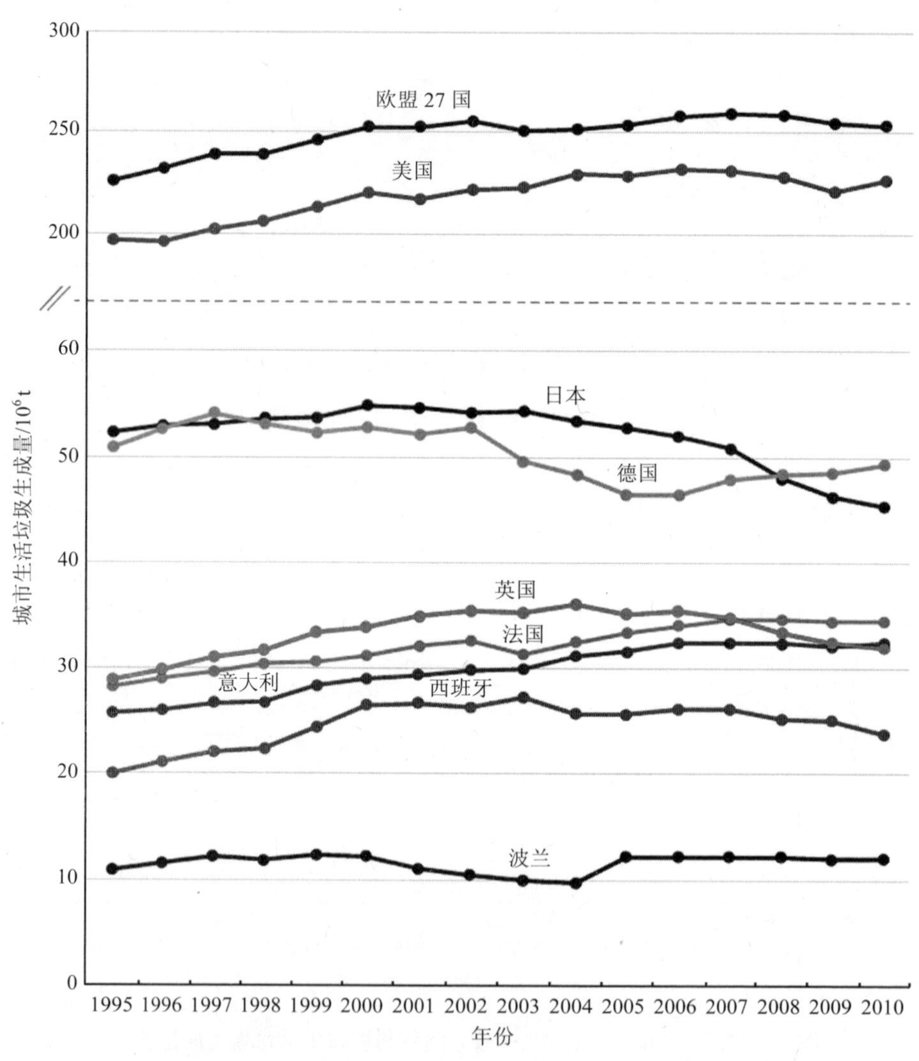

图 3 部分高收入国家 1995 年以来的城市生活垃圾生成量趋势[1]

1.2 城市生活垃圾的成分与特性

尽管原始数据统计口径不同导致数据可靠性低、可变性高，但是通过废弃物组分与国家收入水平之间的对比，发现以下规律。

（1）不同收入水平国家废弃物有机组分比例存在很大差异

中低收入国家废弃物有机组分比例（46%～53%）明显高于高收入国家（平均 34%）。但数据可能低估了实际的差距，一项对比研究显示，许多中低收入城市废弃物有机组分比例约为 67%，而欧洲、北美洲和澳大利亚等国家和地区城市的废弃物有机组分仅占 28%。此外，有机废弃物的特性也各不相同，中低收入国家大部分有机废弃物都是生鲜食品加工时产生的有机残留物，都是不能食用的。相反，高收入国家大部分餐厨垃圾都是可避免的，即可食用的。

（2）纸质废弃物所占比例同收入水平成正比

低收入国家占 6%，中等收入国家占 11%～19%，高收入国家占 24%，并随收入水平不断增长。这些数据同全球年人均纸张消费相关数据（北美洲 240 kg、欧洲 140 kg、亚洲 40 kg、非洲 4 kg）是一致的。

（3）城市生活垃圾中塑料组分的占比普遍较高

所有收入类别国家的塑料组分占比基本都在 7%～12%。但各国间的占比仍然存在很大差异，个别国家占比明显高于其他国家。例如，一份地区性对比报告显示，约旦（约占 16%）和毛里塔尼亚（约占 20%）的塑料组分占比就很高。

（4）金属、玻璃、纺织品等干式可循环组分的占比相对较低

据统计，金属、玻璃、纺织品废弃物的占比随着收入水平的提高而小幅持续增长；低收入国家 6%，中等收入国家 9%～12%，高收入国家 12%。

（5）城市生活垃圾中有害物质含量越来越少

家庭有害废弃物的主要来源包括：机油等矿物油，屋面毡、电热毯等石棉产品，电池，废弃电子电器设备，油漆和清漆，木材防腐剂，消毒剂等清洁剂，指甲油等溶剂，鼠药等杀虫剂，染发剂等化妆品，显影剂等照片冲印所用化学品。据估算，城市生活垃圾（MSW）中家庭有害废弃物占比不足 1%，如把电子垃圾算在内，则最多占到 5%。

废弃物组分影响废弃物的密度、湿度、热值等物理属性，这些属性又会影响

到废弃物治理以及收集、处理和“3R”技术的选择。例如，过去 50 年里，高收入国家城市生活垃圾的灰分含量在减少，而纸张、塑料以及其他包装材料等成分在增加，大幅降低了容积密度，提高了热值。由于废弃物密度降低，收集时更需要压实压紧，以提高运输工具的有效载荷，而废弃物热值的增加，使得转废为能和循环利用变得更具吸引力。

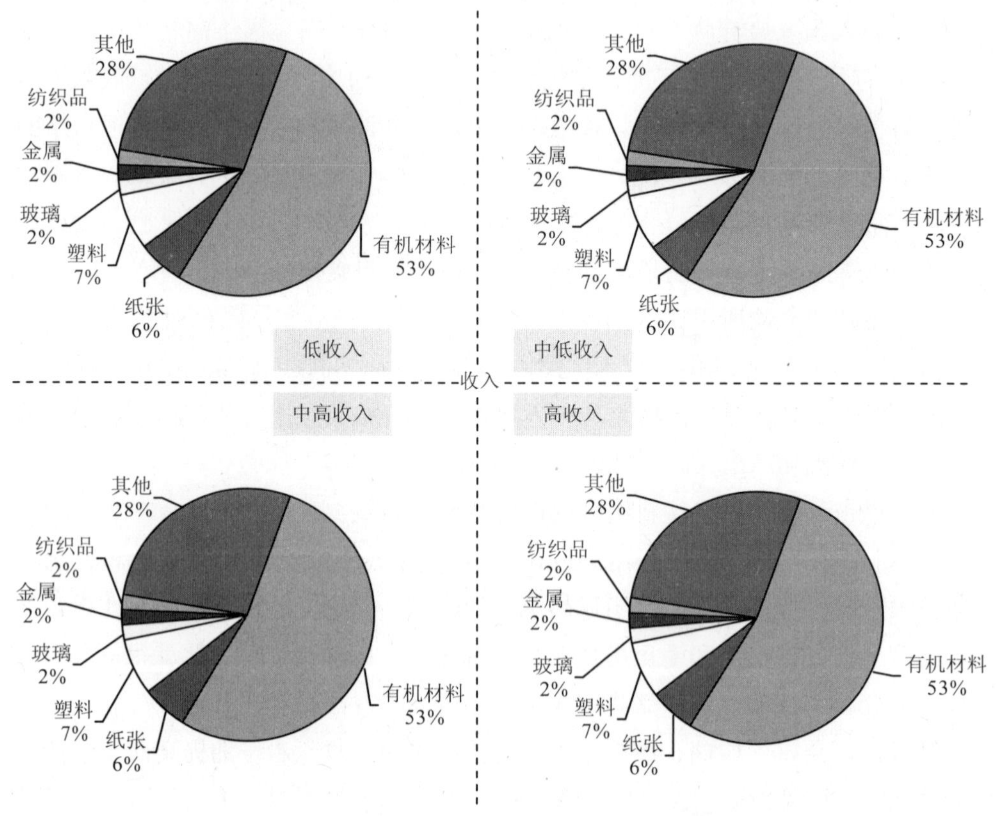

图 4 按国家收入水平划分的 MSW 构成[1]

1.3 全球城市生活垃圾收集现状

城市生活垃圾的收集是对其进行有效处理和资源回收再利用的前提，GWMO 估算了 125 个国家城市生活垃圾收集率，数据显示，收集率也与居民收入情况呈正相关，低收入国家的垃圾收集率显著低于高收入国家，具体为：低收入国家的平均收集覆盖率为 36%（世界银行提供的数据为 43%）；中低收入国家为 64%（世界银行数据为 68%）；中高收入国家为 82%（世界银行数据为 85%）；高收入国家的收集覆盖率则接近 100%。

GWMO 和世界银行提供的数据表明，人均收入超过 2 500 美元（大概处于中低收入国家范畴的中间位置）的国家，城市在废弃物收集覆盖率方面已取得了长足进步。各地区收集覆盖率：非洲（25%～70%），亚洲（50%～90%），拉美和加勒比地区（80%～100%），欧洲（80%～100%），北美（100%）。这些估算值都是以国家为单位进行的估算，有些国家的数据涵盖了包括城镇和乡村在内的所有人口，而有些国家则主要针对城镇地区，这也导致许多国家的区域或地区的收集覆盖率存在很大差异。例如，印度 105 座主要城市的收集覆盖率为 40%～100%。由于农村地区的收集覆盖率往往低于城镇地区，因此全国平均值很可能低于城镇地区的平均值。

GWMO 还指出，废弃物收集服务的形式多种多样，可由正规部门通过公立或私立部门运营商提供，也可由社区或“非正规”部门通过社区组织（CBO）、非政府组织（NGO）或中小企业（MSE）提供。收集服务包括为当地社区提供较小规模的初级服务，以及为整个城市提供较大规模的二次收集或一体化收集服务。

与世界欠发达地区情况相类似，我国在贫困农村地区还存在着垃圾收集率偏低，甚至没有收集的情况，这也给农村生态环境及“美丽中国”建设带来了严峻的挑战。

1.4　主要发达国家城市生活垃圾的生成及处理趋势

1.4.1　美国

2013 年，美国人口为 3.165 亿人，其城市生活垃圾生成量为 2.541 亿 t，人均生活垃圾产量为 2.1 kg/d，为 1960 年的 2 倍，城市生活垃圾人均产量增加了 2/3。在过去的几十年中，美国的城市生活垃圾的生成、回收、堆肥和处理已经发生了很大的变化，垃圾填埋处理率由 1960 年的 93%下降至 2013 年的 53%，与此同时，垃圾的循环利用率则从 1960 年的不足 10%增加到 2013 年的 34%。换言之，2013 年，每天每人产生的垃圾中，有 0.5 kg 垃圾进行了循环利用，0.26 kg 进行了焚烧处理，只有 0.17 kg 的垃圾进行了堆肥处理，1.05 kg 的垃圾进行了填埋处理。

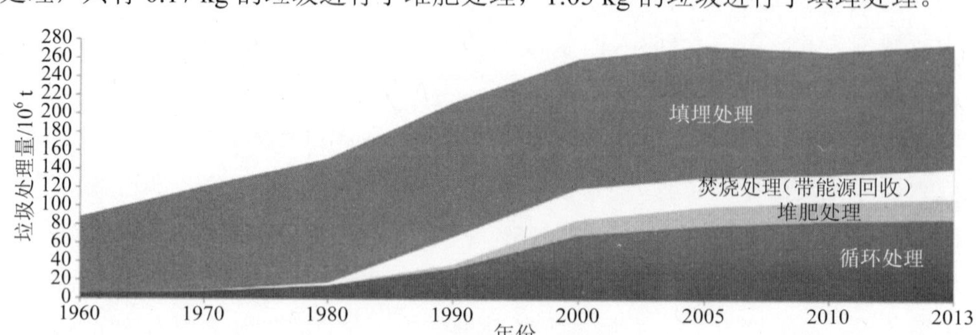

图 5 美国垃圾处理情况[3]

1.4.2 欧盟

2013 年欧盟 27 个成员国共有人口 5.02 亿人，垃圾生成量为 2.41 亿 t 垃圾，比 1995 年增加了 7.1%，人均生活垃圾产量为 1.32 kg/d，比 1995 年人均量 1.3 kg/d 略有增加。尽管与 1995 年相比，2013 年的垃圾产生量有了一定程度的增加，但是垃圾填埋处理率有了很大的减少，从 1995 年的 63.8%减少到 2013 年的 31%。而在此期间，垃圾的循环利用率则显著增加，由 1995 年的 11.1%增加到了 27.3%；堆肥处理率也呈现上升趋势，从 1995 年的 6.2%增加到 14.9%；焚烧处理量从 1995 年的 14.2%增加到 25.7%。由此可见，欧盟正在朝着城市生活垃圾可持续管理方向发展。

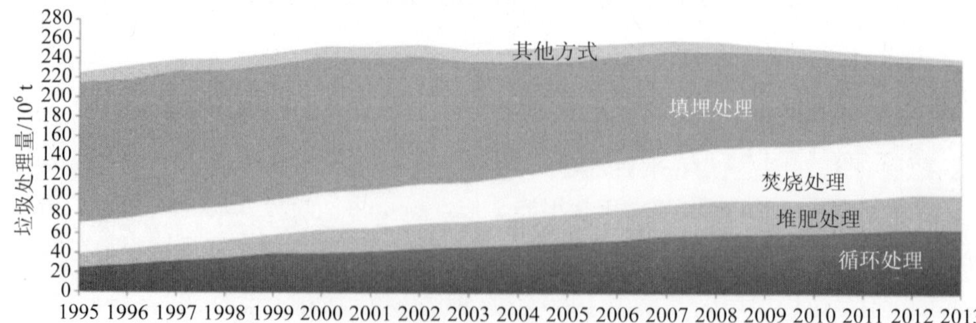

图 6 欧盟垃圾处理情况[3]

1.4.3　澳大利亚

2013 年，澳大利亚人口为 2 310 万人，当年城市生活垃圾生成量为 1 500 万 t，人均生活垃圾产量为 1.77 kg/d，与 1980 年相比，垃圾产量增加了 45.3%。澳大利亚也在朝着生活垃圾可持续管理方向发展，但其步伐比欧盟和美国慢。生活垃圾填埋处理率由 1980 年的 88%下降到 2013 年的 48.1%，同时，垃圾的循环利用率/堆肥处理率则由 1980 年的 12%增加到了 2013 年的 43%。

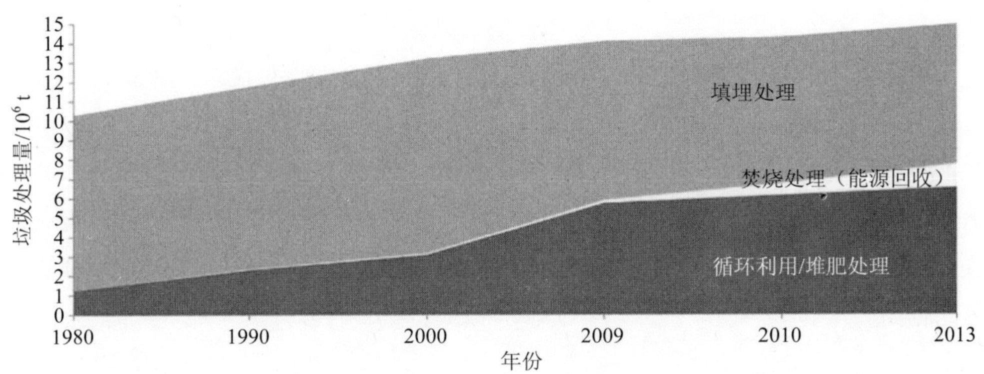

图 7　澳大利亚垃圾处理情况[3]

1.4.4　日本

2010 年日本人口为 1.281 亿人，城市生活垃圾产量为 4 540 万 t，垃圾产量比 1990 年降低了 9.8%，不仅如此，人均产量也从 1.11 kg/d 降低到 0.97 kg/d。在日本垃圾焚烧处理占据着主导地位，2010 年垃圾焚烧比例为 76.72%，比 1990 年增加了 4.7%。伴随着循环率的上升，垃圾填埋率不断下降。

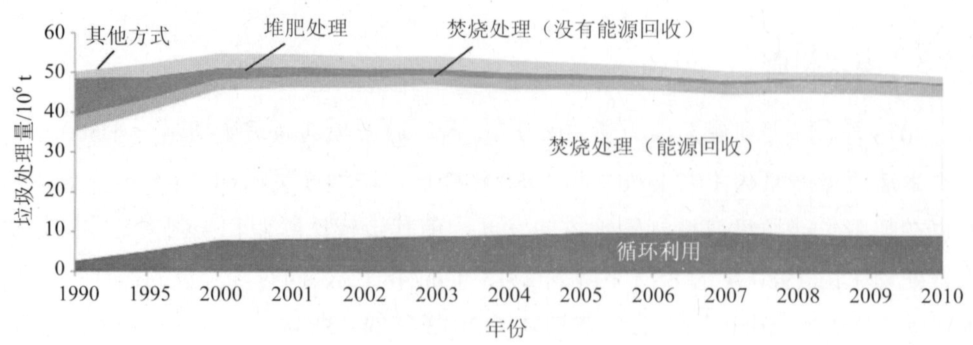

图 8　日本垃圾处理情况[3]

综上所述，发达国家重视垃圾的回收利用和在源头减少垃圾产生量，不同国家根据各自国情采取了不同的垃圾处理方式。发达国家普遍注重垃圾的回收利用。对于不能回收利用的垃圾，主要采取垃圾填埋与焚烧方式进行处理。此外，我国学者也对发达国家垃圾处理方式的影响因素做了研究，研究结果表明：垃圾处理方式与人口密度的关系密切，人口密度越大，垃圾填埋的占比越低，垃圾焚烧的占比越高。

表 1　垃圾处理方式占比与人口密度之间的平均关系[4]

等级	人口密度/（人/km^2）	垃圾填埋占比/%	垃圾焚烧占比/%
1	＞341	1.60	98.40
2	229～341	2.12	97.88
3	131～229	36.69	63.31
4	29～131	82.86	17.14
5	≤29	94.96	5.04

2　国外城市生活垃圾的控制策略

废弃物需要妥善治理，以保护公众健康和环境，但这并不意味着仅专注于处理和处置。废弃物的最佳治理方式是将其视为一种资源，首先避免物料变成“废弃物”。废弃物治理方的职责应予扩展，应更明确地纳入上游预防措施。

2.1 收集再循环利用

城市生活垃圾的“循环利用率”一般指对收集的城市生活垃圾进行再循环利用。对在循环利用过程中产生的“废弃物”即未进入材料价值链进行最终循环再利用的那部分材料有时要进行处理，但很难评估处理的效果，尤其是废塑料等相关的全球二次原材料价值链。在 GWMO 中所列举的数据包含：材料的“干式循环”收集（如纸张、塑料、金属、玻璃、纺织品的收集）以及“有机循环”收集。

图 9 显示的是不同收入水平的 39 个城市的垃圾循环利用率。图 9 中并未注明循环利用率同收入水平之间的明确关系。高收入国家的循环利用率是最高的，但是一些低收入和中低收入国家 MSW 的总体情况也不差（20%～40%）。

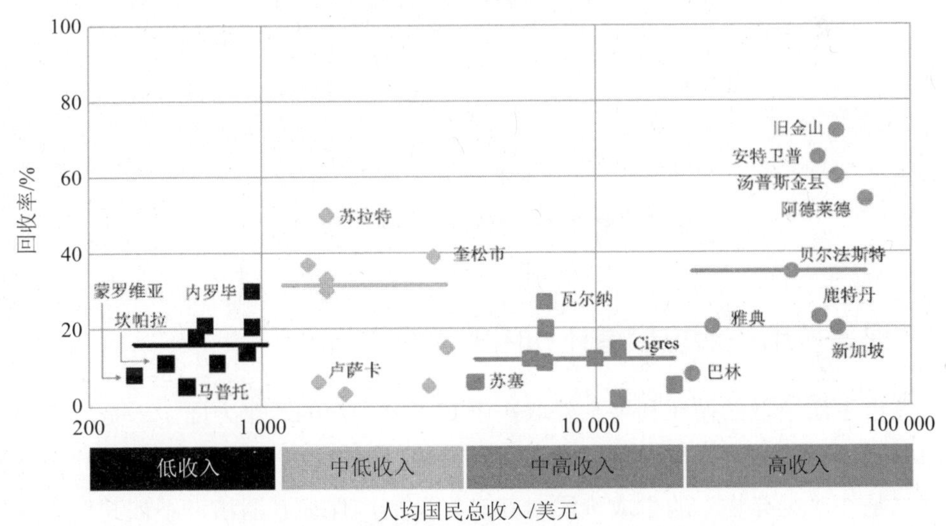

图 9 按收入水平划分的 39 个城市的平均循环利用率[1]

目前，欧盟国家循环利用率的相关信息都要定期、系统地收集；但对循环利用率的定义仍然存在出入（例如，是按“循环再利用”计算，还是按资源回收设施（MRF）以及堆肥厂的产出物进行计算；是否要将废物中能源回收（EfW）厂——焚烧厂产生的金属及骨料计算在内）；欧盟国家之间的数据可靠性也存在差异。图 10 提供了欧盟国家循环利用率的相关统计。从图 10 中可以看出欧盟国家的循环利用率在 2001—2010 年有了大幅提高，而循环利用率相对较低的国家也在

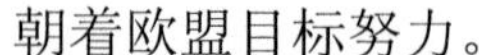

朝着欧盟目标努力。

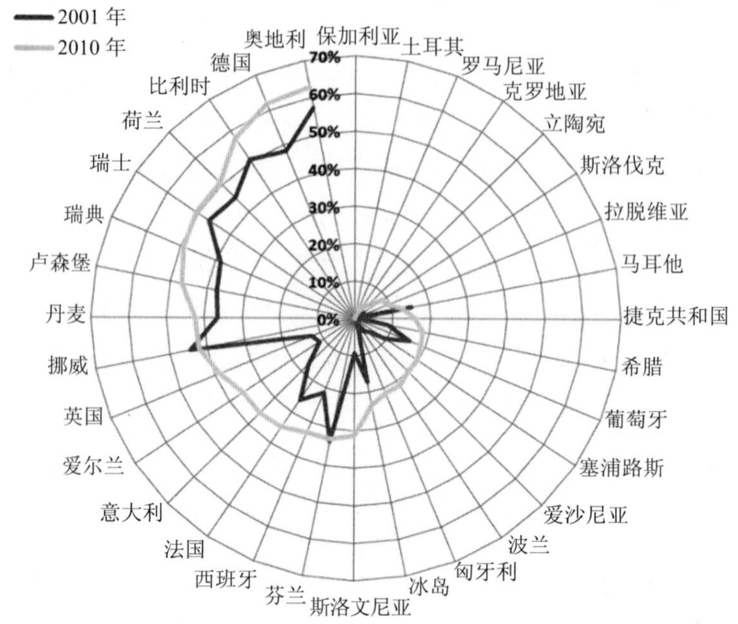

图 10　欧盟城市固体废物循环利用情况[1]

2.2　提高城市生活垃圾循环利用的途径

城市生活垃圾的循环利用主要取决于其“分离”的两个方面。一是垃圾中不同组分或原材料的混合度或组分的含量，可通过对产品进行循环利用设计进行解决；二是在“废弃物”的生成阶段对其进行分离，保证其清洁，不被其他废弃物污染，这可以通过源头分拣实现。

2.2.1　产品循环利用设计

图 11 是不同消费品原材料混合度与循环利用率关系的示意图。显然，材料混合度低的产品比其他产品更便于循环利用，循环利用成本更低，且混合度会随着循环利用材料价值的增长而提高。产品混合度越低，成分材料价值越高，循环利用成本越低；相反，混合度越高，材料价值越低，循环利用成本越高。

考虑到上述关系，在产品设计过程中，提高产品的可循环性来降低回收成本，提高循环利用效率。例如，汽车制造商近来开始关注便于未来拆解（便于拆解的设计——DfD）和循环利用（便于循环利用的设计——DfR）的产品设计。

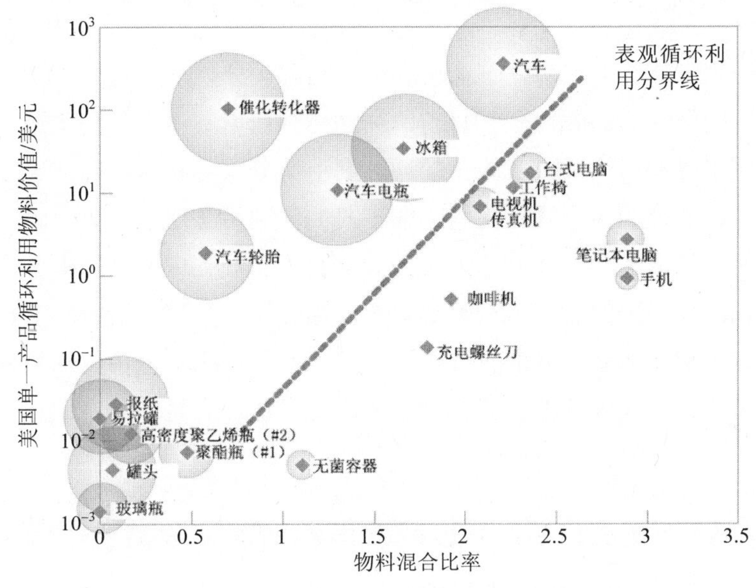

图 11　单一产品循环利用物料价值[1]

循环利用率主要取决于目标材料或成分的混合度以及含量。在一项涉及 60 种金属的研究中，仅 1/3 的金属循环利用率超过 50%。这些金属包括：铝、铬、锰、铁、钴、镍、铜、锌、铑、钯、银、铂、金，元素含量很高，且有很高的价值。尽管超过一半金属的循环利用率很低，不足 1%，但许多都属于重要材料（铟和镓等），或是稀土金属（镧、铈、镨、钕、钆、镝等）。这些金属广泛应用于显示器、芯片、扬声器、麦克风等电子产品。这些重要金属的循环利用所面临的问题是含量往往很低，而同其他元素的混合度却很高。因此，为了提高稀有金属的循环利用率，应该确保在快速发展的工业部门优先开展拆解和循环利用设计。

2.2.2　城市生活垃圾源头分离

城市生活垃圾源头分离对确保废弃物分离成有机和干式可循环组分至关重要。通过分离有机和干式可循环组分对 MSW 进行源头分离，对避免交叉污染，保持材料质量很重要，可提高废弃物循环利用的效率，减少填埋处理。此外，经分离的废弃物可降低拾荒者以及废弃物处理处置设施周边生态系统的卫生和安全风险。

尽管分离具有诸多优势，但循环利用前的源头分离是正规的 MSW 治理体系中最近流行的做法。高收入国家目前的高循环利用率基本都是基于源头分离，这种做法确保了以相对清洁方式收集的循环利用组分。尽管从居民或家政服务人员那里收集或收购经源头分拣的材料为非正式循环利用做出了重大贡献，但许多发展中国家普遍采取的非正式回收方式主要来自混合 MSW。社区也会收集经源头分离的材料，为当地的慈善机构募集资金。加强源头分离是所有将非正规部门纳入主流废弃物治理体系计划的重要组成部分。引导市民对城市生活垃圾进行源头分离、分类收集，关键要改变他们的行为。为了保证有足够的空间存放经分离、待收集的组分，建筑设计也很重要。

2.3 源头分离案例分析——以欧洲首座对餐厨废物进行集中源头分离的城市米兰为例

结合发达国家垃圾循环处理中最流行的源头分离经验，重点介绍米兰如何对居民餐厨垃圾进行集中源头分离和收集，减少食物组分的填埋处理，减少甲烷（及其他温室气体）排放，并通过堆肥处理和/或厌氧分解实现餐厨垃圾再利用。

在意大利关于建立国家废弃物治理体系的法令中，设立了“到 2012 年实现废弃物分离收集和再利用率 65%”的目标。正如欧盟范围内订立的再循环目标一样，该目标的实现取决于是否对餐厨垃圾进行源头分离和单独收集。为了实现这一目标，米兰市政府将原来仅在餐厅、超市和旅馆等商业活动场以及学校所采取餐厨垃圾源头分离和单独收集的做法推广至居民区。米兰拥有 130 万居民，人口密度超过 7 000 人/km^2，超过 80%的公寓属于多户住宅。米兰每年产生的城市废弃物总量为 66 万 t，其中，25%～30%属于有机组分。虽然米兰的许多小城镇采取有机物源头分离（SSO）的做法至少有 10 年了，但是米兰是欧洲首个在全城（包括实施难度较大的高层多用途建筑和高密度街区）推行这种废弃物收集方式的大城市。

2.3.1　餐厨垃圾源头分离和上门收集措施的实施

2012 年 11 月，米兰市政部门开始对居民区的餐厨垃圾进行源头分离和上门收集。该举措由市长下令实施，并得到了公众和宣传部门的大力支持，主要采取了以下几个方面的措施。

一是在源头即家庭层面配备专用的厨房透气垃圾桶（生物垃圾桶）和一卷可分解的垃圾袋，用于在前几周收纳餐厨垃圾。先用这些垃圾袋或商店分发给顾客的可分解购物袋对餐厨废物进行收集，再将其倒入路边的垃圾桶，垃圾桶每 2 周清理 1 次（表 2）。

表 2　米兰餐厨废物源头分拣计划

厨房	10 L 敞口垃圾桶
垃圾袋	根据 EN 13432 标准可用于堆肥
收集	120 L 或 240 L 的大垃圾桶
收集频率	每周 2 次（家庭）
	每周 6 次（酒店、餐厅和自助餐厅）

二是在废弃物的上门收集和运输层面，由国有企业（米兰环保服务协会，A2A 集团）提供收集和运输。废弃物收集在时间安排上尽可能减少垃圾车给城市交通带来的影响。所有的废弃物收集服务都安排在早 5:50 到上午 11:30；市中心的交通高峰区域，则安排在上午 8:15 之前。

三是在政府监督监督层面，市政部门专门设立了一支外部监管队，负责在废弃物收集之前对垃圾桶进行抽查。市政部门还设立了罚款机制，对未按规定进行废弃物分离收集的居民实施罚款，并纳入分离收集预算。2013 年，市政部门共开具 50 000 笔罚款，每笔罚款 50 欧元。

四是在公众参与层面，政府相关部门多措并举引导公众参与。通过公共广告、免费计算机应用程序、报纸、广播以及电视广告和免费热线等多种方式提升公众的废弃物处理意识。市政部门还在那些废弃物收集质量低于平均水平的地区开展额外的意识培养活动。

2.3.2 效果评估

2014 年，垃圾源头分离已逐步扩展到米兰所有的 4 个城区。截至 2013 年 12 月，米兰已有 3/4 的区域实现了餐厨垃圾的分离收集，人口覆盖率达 77%，近 100 万居民。米兰因此成为欧洲首座广泛开展源头分离有机（SSO）废弃物收集的大城市。截至 2014 年 6 月，餐厨垃圾源头分离覆盖米兰市城市人口。具体情况如图 12 所示。

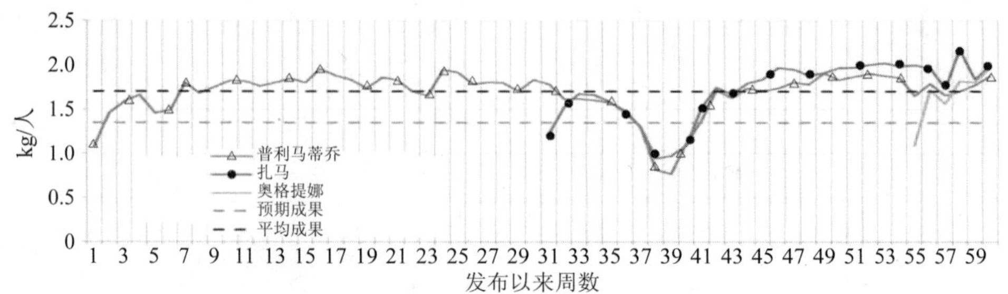

图 12 2012—2013 年米兰市内 3 个区居民人均每周收集的餐厨垃圾量

数据来源：AMSA（米兰环保服务协会，A2A 集团）。

如图 12 所示，废弃物收集在 4～6 周后开始充分发挥功效，周人均收集量达 1.7 kg，年人均收集量达 91 kg。这些数据包含了从酒店、餐厅和餐饮部门收集的餐厨垃圾。评估显示，米兰的总餐厨垃圾中 84%实现分离收集，但仍有约 16%作为残余废弃物处理。

城市生活垃圾治理服务费由米兰市政府承担。家庭和所有商业场所根据住房面积和居住人数支付废弃物处理费。商业场所则根据商业活动的类别和使用面积支付费用。

2012 年，AMSA（米兰环保服务协会）将餐厨垃圾的运输与回收业务转包出去。私营公司（蒙特洛）中标，并收取 74～80 欧元/t 的垃圾倾倒费；这些垃圾将被运往厌氧消化（AD）堆肥厂用于生物气生产和堆肥。该堆肥厂距米兰 60 km，为 250 万居民提供服务。生产出来的堆肥将被出售给农业用户，为公司带来比垃圾倾倒费更可观的收入。产生的生物气将用于发电和供热；该私营公司消费剩余的电能将出售给意大利国家电网。

根据 AMSA 和米兰市政府的报告，引入餐厨垃圾分离收集以后，MSW 体系产生的总费用并没有改变。事实上，参与残余废弃物收集的员工及卡车数量有所减少，并被分配至餐厨垃圾的分离收集。米兰市的餐厨垃圾处置成本为 94～100 欧元/t 不等。

2.3.3　实施过程中面临的挑战与应对措施分析

米兰市政部门最初面临的挑战是，如何将厨房垃圾桶和生物垃圾桶按时分发到各家各户，动员公众积极参与餐厨垃圾收集，并对收集的餐厨垃圾质量进行持续监控。为了提高公众的参与度和对该主题的持续关注，相关部门在启动分离收集前一个月通过反复报道等形式加大了宣传力度。垃圾源头分离的倡议在 18 个月的时间内被逐步推广开来，确保其在近两年的时间内获得持续的关注，从而强化了居民和其他用户对这一理念的认识。如果说，简便易行的方案、分类工具（厨房开口垃圾箱+生物垃圾桶）的免费分发以及灵活的生物垃圾桶的清理频度是动员公众积极参与的激励措施，那么，对生物垃圾桶的监管和对违规者的罚款处罚则维护了公众心目中倡议的权威性。米兰市政府和 AMSA 之间良好的合作关系，拓展了传播倡议和公关活动的范围，提升了其知名度。

2.3.4　主要成果

收集的餐厨垃圾质量很高。意大利堆肥协会（CIC）开展的旨在量化非分解材料（NCM）数量的废弃物成分分析显示，NCM 平均占所收集材料的 4.3%，这也促使米兰市政部门对餐厨垃圾采取妥善的处理方法。用户满意度显示，90%的市民对新的收集方案满意或者非常满意，并积极参与日常的分离收集。

新体系年人均收集约 91 kg 餐厨垃圾[1.7 kg/（人·周）]，从而避免这些废弃物被填埋处理。通过对城市生活和商业餐厨垃圾进行分离收集，每年有 12 万 t（约占废弃物总生成量的 18%）废弃物免于填埋处理，处理后可产生 5.4 MW 的电能；每年温室气体减排量相当于 8 760 t 二氧化碳。基于餐厨垃圾生产的堆肥还帮助城市避免了甲烷排放，终止了碳养分循环。约 15 000 t 优质堆肥产自米兰的餐厨垃圾，并被出售给农业用户。

3 对策建议

3.1 加强立法，提高企业违法成本，促使企业从末端治理向源头控制转变

从发达国家治理城市生活垃圾的历程来看，发达国家重视垃圾的回收利用和在源头减少垃圾产生量，垃圾回收以及在源头减少垃圾产量被认为是解决城市生活垃圾最根本的方法。我国 2008 年制定了《中华人民共和国循环经济促进法》，从生产、流通和消费等各环节提高资源利用效率，保护和改善环境，实现可持续发展。与该法相关的还有 4 部环境法律、8 部资源利用法律、20 多部资源环境管理的行政法规等，但这些法规之间相互衔接不紧密，难以形成合力。比如《清洁生产促进法》是我国第一次明确使用“循环经济”词汇并将其纳入法律调整范畴中，也是从源头上减少垃圾产量的重要保障。但该法一方面提倡性条款过多而相应的责任条款不足，这大大降低了企业违法成本；另一方面当企业遵守这些提倡性鼓励性条款，积极主动实施清洁生产时，关于奖惩制度的规定缺位也在一定程度上影响着法律的实施效力。

《固体废物污染环境防治法》主要针对工业固体废物、生活垃圾、危险废物三方面环境污染提出防治要求，明确了固体废物的减量化、资源化、再利用的三大原则，虽然其在立法理念上与《循环经济促进法》有共通之处，但其主要着力点在污染物末端治理，而《循环经济促进法》更着重于预防污染，所以两部法律从立法理念上并未完全一致。

因此，应加强对《清洁生产促进法》和《固体废物污染环境防治法》的修订使之与《循环经济促进法》相互配合、相互补充、相互支撑，更好地在循环经济实践中发挥其应有的规范调整作用。一是明确《清洁生产促进法》中关于企业的奖惩条款，提高法律约束力；二是在《固体废物污染环境防治法》中明确循环经济相关理念，鼓励企业开展源头治理；三是对致力于循环经济发展和垃圾处理服务的各类企业、组织机构与个人，应当通过法律与行政提供充分的指导、优惠、奖励和支持，从而为实现垃圾源头治理提供制度保障。

3.2 借鉴欧洲、日本经验，加强精细化管理，探索建立垃圾分类收集处罚机制，完善收集运输机制

一是借鉴国外经验，探索建立垃圾分类收集处罚机制，提高违法成本和公众参与程度从而减少垃圾产生和减轻环境污染。可以借鉴意大利和日本等发达国家经验，建立垃圾分类收集处罚的相关法律法规。如日本会根据垃圾性质不同划分出不同的垃圾回收时间，如居民错过某种垃圾的丢弃时间，便只能静候下一次垃圾回收；如居民错误处置垃圾，则会被垃圾回收公司调查、罚款，甚至被警察拘留并处以合人民币 1 980～3 250 元的罚款。此外，对企业、社会团体等组织严重违反法律规定而造成环境破坏的，还考虑增加责令停产停业、暂扣或者吊销许可证或执照等处罚措施。二是应将城市垃圾管理作为政府重要考核指标，并及时进行相关信息公开以便于监督。同时，明确环境保护部门与城市建设部门之间的配合与协调机制。三是进一步完善垃圾收集运输机制，当前在我国存在对已分类垃圾再次混合运输的问题，这给后续的循环处理带来很大困难。应进一步通过互联网等信息技术手段，加强对承运公司的实时、全过程监管，做到垃圾分离收集、分类运输。

3.3 科学选择适宜的垃圾处理方式，结合人口密度、土地利用状况、经济发展水平等分区域引导生活垃圾处理，解决好“邻避效应”

从欧盟、美国及澳大利亚城市生活垃圾处理经验来看，填埋、循环处理和焚烧等都有不同程度的应用，而在日本垃圾焚烧则占据主流地位，这也与日本国土面积较小和人口密度较大等因素有关。2016 年我国垃圾填埋处理占 60.3%，目前填埋处理仍然是城市生活垃圾的主要方式，这导致在人口密度大、土地资源紧缺、经济发达的地区，城市生活垃圾填埋处理与土地资源紧缺的矛盾日益尖锐。建议：一是在人口密度大且经济发达的地区，在加大垃圾焚烧占比的同时，更应加大垃圾回收利用的占比。京津冀、长三角、珠三角等发达地区人口密度大，整体上亟须提高垃圾焚烧的比例。二是中部等较发达地区（如湖南、江西），其人口虽比京津冀地区少，但过于依赖垃圾填埋，需加大垃圾焚烧的应用。三是在西部等欠发达地区，整体对垃圾焚烧技术的应用需求不大，有条件的省市可以开展垃圾焚烧

的应用。四是丰富公众参与形式，妥善解决好“邻避效应”问题。

3.4 加强生活垃圾治理的城乡统筹，结合脱贫攻坚战和《农村人居环境整治三年行动方案》，加强对我国贫困农村地区的垃圾收集、转运和处理的扶植力度

一是以农村环境综合整治为依托加大向贫困地区资金和项目支持力度，以解决农村垃圾处理中的垃圾中转站和填埋、堆肥、焚烧处理设施建设的资金来源问题。二是引导垃圾分类指导方面，政府应提供人性化的垃圾分类指导，特别是以广大农民易懂的方式进行分类，如浙江农村将垃圾分为“可烂”和“不可烂”，即有利于农民分类又可实现垃圾的循环处理。三是注重宣传教育，完善村规民约，以学校为平台加强环保教育，鼓励开展环保教育志愿者服务活动，充分组织发动少先队员开展农村垃圾清理宣传志愿者行动。四是组织相关科研单位编制农村生活垃圾处理适用技术指南与案例，引导广大农村地区结合实际开展垃圾处理处置。

参考文献

[1] UNEP. Global Waste Management Outlook[R]，1996.

[2] 国家统计局. 中国环境统计年鉴 2015[M]. 北京：中国统计出版社，2015.

[3] Mohammad Ali Rajaeifara，b，Hossein Ghanavatib，Behrouz B Dashti，et al. Electricity Generation and GHG Emission Reduction Potentials Through Different Municipal Solid Waste Management Technologies：A Comparative Review. Renewable and Sustainable Energy Reviews，2017（79）：414-439.

[4] 王临清，等. 中国城市生活垃圾处理现状及发展建议[J]. 环境污染与防治，2015，37（2）：106-109.

五、新加坡垃圾处理的经验与启示[①]

随着工业化和城市化进程加速，城市生活垃圾问题越来越受到人们的关注。作为高度节约土地资源的无害化处理方式，垃圾焚烧发电前景广阔，但也备受误解和争议。近年来，我国陆续发生多起涉及垃圾焚烧厂的“邻避”事件，如 2007 年北京六里屯反对垃圾焚烧厂事件、2009 年江苏吴江反对垃圾焚烧发电厂项目、2014 年浙江杭州反对建垃圾焚烧厂暴力冲突事件，以及 2015 年环保组织“自然大学”对光大国际垃圾焚烧厂项目环境和健康隐患曝光事件。这些群体性事件不仅是环境问题，而且在一定程度上演变成社会问题、政治问题，影响社会稳定，制约产业的健康发展，甚至损害一些地方政府的执政形象。如何趋利避害，让垃圾焚烧发电为民接受并造福于民，考验着城市的文明程度和治理水平。

1　新加坡垃圾处理的历史与现状

自 20 世纪 70 年代开始，新加坡工业加速发展，城市化给生态环境带来了严峻挑战。城市垃圾是其中的重大挑战之一，随着城市垃圾总量爆发式增长，新加坡一度陷入“固废围城”困境。新加坡严格立法，通过垃圾减量化、资源化和再循环利用，经过 30 多年努力成为“花园国家”。总体上来看，新加坡垃圾处理经历 3 个主要阶段，实现了从垃圾填埋到焚烧，再到源头减量与循环利用模式的转变。

在 20 世纪 90 年代之前垃圾填埋阶段，新加坡的垃圾处理基本采用填埋法。随着时间推移，垃圾填埋的危害日益凸显。一方面，垃圾填埋占地面积较多，对于土地匮乏的新加坡影响尤为突出；另一方面，垃圾填埋场内部的垃圾经微生物反应、

① 本文作者：王语懿、周国梅。

生化反应产生的垃圾填埋气体和渗滤液等二次污染物，对周边环境的影响很大。

进入 20 世纪 90 年代，新加坡垃圾填埋场达到饱和，“固废围城”的风险加剧。新加坡借鉴德国和日本经验，选择焚烧处理方式，减少垃圾量，将焚烧后的残余再运到附近岛屿进行填埋。进入垃圾焚烧阶段，新加坡垃圾处理能力获得明显提升。目前，新加坡已经进入垃圾焚烧与循环利用并举阶段，政府在积极发展垃圾焚烧产业的同时，还积极鼓励垃圾再循环使用。对可回收再利用的废品进行分类，由专业公司对废品进行回收。迄今，新加坡只有约 2%的垃圾因为不能被焚烧或回收再利用而使用填埋方式。

根据新加坡国家环境局近期发布的“2015 年新加坡废物统计和回收率”，新加坡 2015 年产生的垃圾量约 767 万 t，人均每年产生的垃圾量约为 1.42 t。这些垃圾的 61%被回收以循环利用；不能回收的垃圾中，37%运去焚烧和能源回收；剩下 2%不能焚化的才采取填埋方式处理（表 1、表 2）。

表 1 2014 年新加坡废物统计及回收率

废物类型	垃圾处理量/t	垃圾回收量/t	垃圾产生量/t	回收率/%
建筑垃圾	8 900	1 402 900	1 411 800	99
废渣	4 100	365 800	369 900	99
黑色金属	15 200	1 333 300	1 348 500	99
废旧轮胎	2 700	32 800	35 500	92
有色金属	19 600	160 400	180 000	89
木材	76 900	293 700	370 600	79
园艺废物	124 800	237 200	362 000	66
纸张或硬纸板	588 500	603 700	1 192 200	51
玻璃	60 600	14 600	75 200	19
灰尘和沉淀物	170 800	25 200	196 000	13
食品	681 400	104 100	785 500	13
纺织品或皮革制品	144 200	12 500	156 700	8
塑料	766 800	57 800	824 600	7
其他（石头、陶、橡胶等）	359 300	5 700	365 000	2
总计	3 023 800	4 649 700	7 673 500	61

数据来源：新加坡国家环境局官方网站，http：//www.nea.gov.sg/energy-waste/waste-management/waste-statistics-and-overall-recycling。

表 2 新加坡固体废物管理统计

固体废物管理类别		2011 年	2012 年	2013 年	2014 年	2015 年
垃圾产生总量/（10^6 t/a）		6.90	7.27	7.85	7.51	7.67
垃圾回收	总量/（10^6 t/a）	4.04	4.34	2.82	4.47	4.65
	占比/%	59	60	61	60	61
垃圾焚烧	总量/（10^6 t/a）	2.66	2.73	2.82	38	37
	占比/%	38	37	36	38	37
垃圾填埋	总量/（10^6 t/a）	0.2	0.20	0.20	2	2
	占比/%	3	3	3	2	2

数据来源：根据新加坡国家环境局官方网站数据编辑，http：//www.nea.gov.sg/energy-waste/waste-management/waste-statistics-and-overall-recycling。

近年来，新加坡政府致力于推动废物循环利用。废物产生量从 2000 年的约 470 万 t 上升到 2014 年的约 750 万 t，上升了 61%。其中新加坡废物处理量仅上升了 9%，但废物回收量却上升了 141%（图 1）。

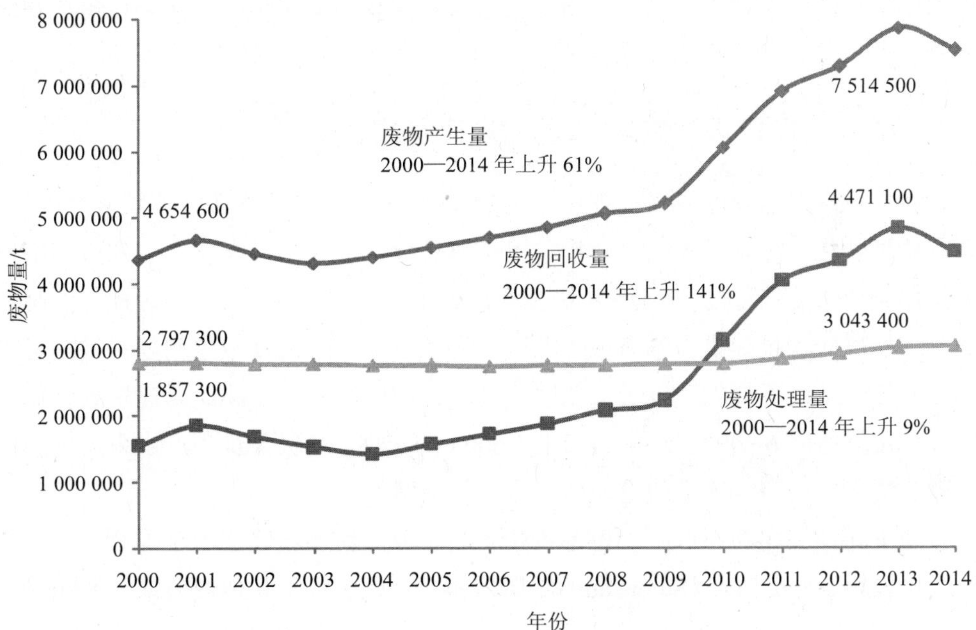

图 1 2000—2014 年新加坡废物管理走势

新加坡在垃圾处理上取得显著成效。新加坡作为一个城市国家，土地资源有限，人口密集。根据我国外交部官方网站数据，新加坡国土面积为 714.3 km^2，总人口为 540 万人（2013 年）。但由于政府高度重视垃圾处理问题，相应地采取了富有成效的措施，逐渐将城市垃圾对环境的危害降低到最低水平，使新加坡在人口密度较大的情况下依旧保持了城市的卫生清洁和空气优良，在较长时间里一直保持了“花园国家”的美誉。根据亚洲竞争力研究所（Asia Competitiveness Institute）发布的“全球宜居城市指数”（Global Liveable Cities Index）排名，新加坡 2012 年排名第三，2016 年排名第七，在东南亚国家中遥遥领先。

2 新加坡垃圾处理的举措与经验

新加坡对垃圾分类、收集和处理等流程基本做到了产业化、规范化、信息化，对二噁英等有害物质、灰渣等进行严格控制，通过源头控制、垃圾分类回收和循环利用，最终实现垃圾总量的增量逐渐减少，逐步形成了较为完备的垃圾处理管理体系。

2.1 尽量减少垃圾焚烧与填埋对城市环境的污染

新加坡现在运营的垃圾处理设施主要包括4座垃圾焚化厂和1座垃圾填埋场。4 座垃圾焚化厂分别是大士焚化厂、圣诺哥焚化厂、大士南焚化厂、吉宝西格斯大士垃圾焚化厂①。新加坡注重垃圾焚化厂选址，在城市规划中，明确规定固废焚烧厂应远离居住区，设在临海或工业区域，以避免产生公众卫生问题。根据可查询的资料，圣诺哥焚化厂位于工业区，离最近的居民区约 3 km。4 座垃圾焚化厂每天焚化量达到 6 900 t，焚化后产生 1 600 t 的灰烬。垃圾焚烧生产出来的电能供应整个焚烧厂运转，余下的电能则卖给公共电网。

为了处理灰烬和不可回收也不可焚化的垃圾，新加坡建造了全国第一个近海垃圾填埋场——实马高（Semakau）垃圾填埋场②。该场位于新加坡南部约 8 km 处，

① 新加坡第一座垃圾焚化场为乌鲁班丹焚化厂，1979 年投入使用，运转满 30 年已关闭。

② 由于土地资源匮乏，新加坡于 1999 年关闭了其主岛的最后一个城市垃圾填埋场——罗弄哈鲁士垃圾填埋场，同时启用实马高（Semakau）垃圾填埋场。

由实马高岛、锡金岛和一条 7 km 长的人工防渗海堤组成，总面积 350 hm^2，垃圾日处理量为 2 000 多 t。焚烧过后的垃圾灰烬被运送到填埋场进行填埋处理，上面铺上泥土，然后再种上植物。新加坡对垃圾填埋也有严格的程序，因为垃圾填埋场是在离岸的岛上，所以一般是先将海水抽干，然后铺好厚厚的塑料膜，将垃圾与海水完全隔离与封闭，以防止泄漏。政府的专业人士每个月都要从垃圾填埋场周围的海水里取样检测，到现在为止，尚没有发现任何泄漏和污染海水的情况。由于填埋的垃圾已经过焚化处理，所以不会发出异臭。同时岛上也发展成为观光休闲地和各种鸟类的栖息地。考虑到垃圾填埋场的容积量，新加坡修建了实马高垃圾填埋场第二阶段建造工程并于 2015 年 7 月建成完工，二期占地 157 hm^2，预计将能应对新加坡未来至少 20 年的垃圾埋置需求。

2.2　采用最新科技控制二噁英等有害物质和处置灰渣

垃圾焚烧最大的问题是产生二噁英对大气造成污染。20 世纪 90 年代前，包括新加坡在内的发达国家在排污标准缺失、技术不成熟的情况下发展垃圾焚烧，使固废焚烧排放的二噁英一度占据到其国内二噁英总排放比例的 50%以上，社会负面反应极大。90 年代以后发达国家大力提升二噁英排放标准、改进技术、关小建大，控制二噁英排放技术日趋成熟，固废焚烧产生的二噁英逐年大幅度下降。新加坡采用了严格的废气排放标准，即废气排放少于 1%，其中二噁英含量少于 0.1 $ng/m^3$①，新加坡国内各垃圾焚烧厂均严格遵照此排放标准，有效地将二噁英排放降到最低。

垃圾焚烧过程二噁英减排控制技术有多种，根据全过程控制理论，主要包括垃圾调质降低入炉垃圾氯和金属含量，焚烧过程的“3T+ E”优化及炉内抑制技术，尾部再生控制和吸附脱除以及飞灰中二噁英处置[1,2]。此外，二噁英的在线检测技术也非常重要，在线检测技术可实时显示二噁英浓度，提供反馈信息以优化焚烧工况和烟气净化系统的组织[3]。

新加坡 4 座垃圾焚化炉全部采用最新科技和设备，以保证不出现环境污染问题。焚烧炉内温度控制在 850～1 000℃，并进行实时监测，一旦降低立刻补充燃料，使得垃圾充分燃烧，减少二噁英等有害物质的产生。焚烧产生的废气和废水

① 纳克（ng）是一个极微小的质量单位，1 ng=10^{-9} g。

都经过严格处理以减少有害物质。废气方面经过 3 个步骤处理：一是通过高压静电除尘器过滤掉约 90%的粉尘；二是注入熟石灰粉来处理氯化氢和二氧化硫；三是在过滤袋上使用催化剂分解二噁英。最终使排放的气体中，二噁英少于 0.1 ng/m^3，粉尘少于 5 μg/m^3。废水方面，垃圾槽中渗漏出来的废水会在槽内喷洒以除尘，而焚烧中产生的水蒸气则会通过蒸汽涡轮发电机进行发电[4]。

新加坡垃圾焚烧可以把 90%的垃圾烧掉转化成电力，剩下 10%是垃圾灰渣。焚烧装置中产生的灰渣分为底灰和飞灰两类。底灰一般指从焚烧炉栅收集到的灰渣，而飞灰指在排气除尘装置中收集到的粉尘颗粒。由于这两种灰渣有不同的物理化学性质，有些国家把它们分开处理。在新加坡，底灰主要通过电磁分离机把含铁的灰渣分离出来，此外，根据其最新科研成果，也可以把底灰与淤泥经过烘干颗粒化处理，转化成有用的建筑材料[5]。分离出来的铁及建筑材料出售给企业，而底灰中分离出的无用物质和飞灰一起送往垃圾填埋场进行封闭填埋。

2.3 采取尽量减少垃圾的政策措施

在垃圾管理优先等级原则中废弃物产生量最小化是首选。废弃物产生量最小化有两种基本途径：源头控制和循环利用。源头控制是最理想方法，因为这样直接降低了废弃物的产生；而循环利用可以保护资源并防止有用的材料作为废弃物处理[6]。

2.3.1 源头控制，减少垃圾产生量

企业层面，2007 年，新加坡政府与工商业界和非政府组织商议制定了《新加坡产品包装协定》，旨在设计、使用更小的包装和使用可再循环材料作为包装。2007—2012 年，新加坡共减少了约 1 万 t 包装材料，节省大约 2 200 万元新加坡元。个人层面，新加坡政府严格处罚乱丢垃圾的行为，通常对违规者开出 1 000 新加坡元（约合 5 000 元人民币）以上的罚单，对不按时交罚款的违规民众采用法院传讯[4]。

2.3.2 垃圾分类回收和循环利用

为最大限度地进行垃圾循环处理，新加坡国家环境局不断推广社区和工业废物循环利用。在生活区域内置放分类垃圾桶，居民对可回收再利用的废品进行分

类，然后由专业公司进行回收。在新加坡，居民可将能回收的废弃物（如报纸、饮料罐等）自行卖到废品回收站，一旦扔到垃圾桶，就不再属于私人物品，只能由专业公司回收处理，私人翻拣垃圾桶属于违法行为。自1999年开始，新加坡的垃圾收运产业全面私有化。全国有近400家生活垃圾收集商和大型工业垃圾收集商负责垃圾收集工作，政府负责对相关企业进行资格评定、审核和监督工作。垃圾收集商获得政府许可证才有经营资格。每天，垃圾收集商到商业区和居民区将垃圾收走，运到建在郊区或工业区的工厂，将垃圾分类，尽可能回收一切可回收的物品，如玻璃、塑料、电器、易拉罐，甚至混凝土等。不能回收的垃圾，就运到垃圾焚烧厂焚化[5]。

3　新加坡垃圾处理经验对中国的启示

新加坡不断改善对垃圾分类、收集和处理的办法与流程，最终实现垃圾总量的增量逐渐减少，逐步形成了较为完备的垃圾处理管理体系。通过学习新加坡在垃圾处理方面的成功经验和做法，结合国内垃圾处理的实际情况，提出以下对策和建议。

3.1　垃圾焚烧是我国的必然选择

城市生活垃圾的处理方式主要包括焚烧、填埋、堆肥等。各国根据国情采用不同的垃圾处理方式。对于土地资源稀缺的大城市，焚烧可以节约90%的土地，对环境的污染也远低于填埋处理，焚烧已成为当今世界特别是发达国家垃圾处理的主流技术。新加坡、日本、荷兰焚烧处理发电都在70%以上，德国有67%是焚烧发电，发达国家中垃圾焚烧量最少的美国也有42%。根据我国原环境保护部发布的《2014年中国环境状况公报》，2014年我国设市城市生活垃圾清运量为1.79亿t，其中，卫生填埋处理量为1.05亿t，占65%；焚烧处理量为0.53亿t，占33%；其他处理方式占2%。目前，我国各城市主要以填埋方式处理垃圾。填埋并不能真正处理数量巨大的垃圾，我国约有2/3的大中型城市被垃圾“包围”，正面临着垃圾无地填埋的危机。在我国大中型城市垃圾无害化焚烧处理，减少垃圾填埋量已到了刻不容缓的地步。

3.2 健全法规、严厉执法，建立完善的垃圾处理行业管理体系

我国虽然已出台多项环保法律法规，但是固体废物处置的专项指导法规仍旧十分缺乏，可回收废弃物如电子废弃物、废旧家电、建筑废弃物、包装废弃物等亟须专业的资源化利用法规指导[7]。我国废弃物分类的相关标准非常粗略，相关法律可操作性弱，环境违法的处罚额度不合理，执法力度不高等问题也一向为广大群众所诟病[7]。此外，我国垃圾焚烧行业的准入和退出机制欠缺。

新加坡历来强调法制，对垃圾处理过程中的所有环节均有周密的规范，注重法律责任，如有违犯，严惩不贷。新加坡政府制定了一系列固废处理的法规和标准，包括《环境保护和管理法》《环境公共健康（有毒工业废弃物）管理条例》《环境公共健康（一般废弃物收集）管理条例》等，对固体废物的收集、转运和处置进行了详细的规定，确保了城市固废物处理的规范运作。新加坡政府的固废处理法律在理念上并无特别之处，但是法规的条文内容详尽，权责规定清晰，具有极强的可操作性。新加坡政府按照“有法必依、执法必严、严刑峻法”的原则实施社会管理，在各项环保相关法律中都有对违法者处以刑事处罚的条目规定，包括罚款、监禁、没收和鞭刑等，这些严厉的刑事处罚对违法违规者有着极强的震慑和约束作用[7,8]。新加坡建立了垃圾焚烧企业严格的准入、评价和市场退出机制，确保技术水平高、社会责任感强的企业来运营。①新加坡在城市规划中规定垃圾焚烧厂必须建立在临海或工业区域，远离居住区。②新加坡在规范垃圾焚烧的特许经营权招投标管理中，提高行业准入门槛，严格设定垃圾焚烧企业资金、技术、人员、业绩等准入条件，开展年度考核评价，公示评价结果，接受公众监督。③新加坡建立垃圾焚烧企业信用评估体系，建立失信惩戒机制和“黑名单”制度，对不能合格运营以及不能履行特许经营合同的企业进行公开公示，乃至建立退市制度。我国应借鉴新加坡经验，健全法规、严厉执法，建立完善的垃圾处理行业管理体系[8]。

3.3 加强信息公开与环境监管，提高政府公信力

垃圾焚烧是一个专业性话题，特别是在当前国内部分垃圾焚烧厂运行不达标的情形下，民众无法正确获取垃圾焚烧项目信息和引导、项目决策程序不开放，

导致民众对攸关切身利益的垃圾焚烧项目运作没有真正的参与权和决定权，民众的利益需求无法体现在政府决策上，并且民众多途径、多方式的反映二次污染问题，却经常得不到满意解决方案，最终造成民众质疑政府的公信力。

在发展垃圾焚烧过程中，新加坡政府也面临过民众的反对。例如，1979 年投入使用的新加坡第一家垃圾焚化厂乌鲁班丹，一开始也曾面临公众的质疑，并且在运作期间，由于当时的垃圾运输车密封性不好，偶尔会有臭味散出，也遭到过投诉[9]。新加坡国家环境局对此高度重视，及时处理投诉，开展一系列正面宣传和舆论引导，支持垃圾焚烧厂定期对社会公众开放，组织市民前往参观了解，使国民充分认识到垃圾科学处理的必要性。在环境监测监管方面，新加坡环保部门与国内各垃圾焚烧厂联网，安装实时监视系统，24 小时检测废气排放量、二噁英含量等，直接上传排放数据到相关部门，引入第三方专业机构实施监管并提供第三方监测数据，并将监测数据和检测报告对公众开放。通过上述措施，最终获得民众对垃圾焚烧的支持，有效解决了“邻避效应”问题。

我国应借鉴新加坡经验，各级政府加强对公众进行宣传和引导，消除其对二噁英等问题的恐惧，取得公众对建设垃圾焚烧厂的理解和支持；提高垃圾焚烧项目建设决策的科学化、民主化水平，在规划选址、公众参与、信息公开、环境监管等方面加大力度，广纳公众意见，开展社会影响评估，妥善处理可能引发的群体性事件。

参考文献

[1] Tuppurainen K，Halonen I，Ruokojarvi P，et al. Formation of PCDDs and PCDFs in Municipal Waste Incineration and Itsinhibition Mechanisms：A Review[J]. Chemosphere，1998，36（7）：1493-1511.

[2] Zhou Y X，Yan P，Cheng Z X，et al，Application of Non-Thermalplasmas on Toxic Removal of Dioxin-Contained Fly Ash[J]. Powder Technology，2003，135/136：345-353.

[3] Lavric E D，Konnov A A，Ruyck J D. Surrogate compounds for dioxins in incineration，A review[J]. Waste Management，2005，25（7）：755-765.

[4] 郭亦乐，郎国华，卢轶. “花园城市”新加坡的垃圾是这样烧掉的[N]. 南方日报，2014-07-16.

[5] 陶杰. 新加坡：依法治理垃圾重在循环利用[J]. 节能与环保，2010（11）：10-11.

[6] 施惠生，施慧聪. 新加坡对固体废物管理的实践和面临的挑战[J]. 环境卫生工程，2006（2）：9-13.

[7] 杨一博，宗刚. 新加坡城市固体废物管理的经验[J]. 亚太经济，2012（3）：70-75.

[8] 盛任立. 新加坡城市固废处理现状与经验探析[J]. 环境保护，2015（7）：73-76.

[9] 胡群智. 新加坡垃圾焚烧 4 座厂每天焚化 6 900 吨垃圾[N]. 广州日报，2010-01-27.

六、韩国城市生活垃圾管理经验及启示①

据《新安晚报》报道，2015 年 10 月，1 400 t 生活垃圾从浙江“乘船”来到安徽省凤台县境内填埋，导致土壤和饮用水水源受到污染。经监测，垃圾中粪大肠菌群超标，并含有多种重金属。经审计，清理费用总计 492 557.33 元。安徽省环保联合会将涉事 8 人及 4 家单位共同告上法庭，2016 年 11 月 1 日公开开庭审理，这也是淮南市首起环境公益诉讼案件。

在垃圾处理和管理问题上，韩国拥有丰富的管理经验和先进的处理技术，值得我们借鉴。韩国因为国土资源有限，人口较为密集，垃圾处理很难依赖填埋解决。2014 年首尔市人口 1 001 万人，占全国人口约 1/5，人口密度极高，几乎是纽约的 2 倍，垃圾管理尤为重要。我国自 1996 年开始实施垃圾分类制度，可以借鉴韩国经验，打破生活垃圾管理的瓶颈。

1　我国城市生活垃圾处理中存在的问题及原因分析

1.1　排放日益增加

根据世界银行的报告[1]，早在 2004 年，中国就已经超过美国成为世界最大的城市固体垃圾产出国，并约占东亚固体垃圾产出量的 70%。报告还预测，到 2030 年，中国产出的固体垃圾可能会是美国的两倍。“十二五”期间，我国城市生活垃圾总量增长超过 20%。据调查数据显示，2014 年全国城市生活垃圾日产量已经超过 120 万 t，年产量超过 50 亿 t。然而，随着生活垃圾逐年增加，生活垃圾处理的

① 本文作者：刘平、彭宾。

管理投资并没有紧随社会发展的步伐[2]。

1.2 处理能力不佳

我国城市垃圾的回收利用率远低于国际城市的平均水平，处理方式以填埋为主，大约占垃圾总量的 80%，而许多发达国家已经严格限制填埋处理方式[3]。垃圾填埋的渗滤液处理是主要难题，简易填埋对地下水污染程度最大[4]。虽然国内出现了渗滤液处理等方面的先进技术，但受到经济因素限制，总体处理状况并不理想。《中国统计年鉴 2014》显示，全国已建城镇生活垃圾卫生填埋场 580 座，实际卫生填埋量 10 492 万 t，仅占城市生活垃圾无害化处理的 68.2%，还有数以万计的简易生活垃圾填埋场和堆弃点。我国垃圾焚烧起步较晚，二噁英排放是焚烧处理最引人关注的问题。2016 年全国已经运行的 231 座垃圾焚烧厂纳入国家重点监控企业不足总数的 40%，多数焚烧厂飞灰、二噁英严重超标[5]。

1.3 法律制度不健全

我国目前关于生活垃圾的相关法律体系不健全，已经颁布的《固体废物污染环境防治法》《城市生活垃圾处理及污染防治技术政策》等法规对防治城市生活垃圾污染做出了较为全面的规定，是我国城市生活垃圾处理处置的基础，但多为原则性规定，缺乏配套细则，特别是缺乏相关的法律责任追究制度。

我国的法律中也对垃圾分类进行了规定，但是总的来说，并未得到有效实施。这主要因为国家法律或者地方条例，都缺乏更加详细的分类步骤说明，分类责任主体不清，而且地方条例并不具有法律的强制性，总体可操作性不强。

1.4 公众意识不足

减少或分类投放垃圾必须要有居民的配合，然而公众环保意识有限，难以主动去做。也有些人认为垃圾减量或分类比较重要，但有“怕麻烦”“别人不去做”等原因造成意识与行动不一。此外我国的法律并未对此做出强制性规定，违反后也没有责任追究制度，难以促使人们的积极行动。

2　韩国经验

2.1　法律体系完备

韩国较早的废弃物管理法律是1961年的《污物清扫法》（Filth Cleaning Law）和1963年的《污染防治法》（Pollution Prevention Law），分别对一般废弃物和工业废弃物做出了管理规定。直到1986年，《废弃物管理法》（Waste Management Law）将二者合并，对各种废弃物的管理均做出规定。之前的法律主要鼓励民众将废弃物保持整洁，而1986年的《废弃物管理法》则要求废弃物不仅要得到处理，还要减量，并注重"3R"原则（减少、再利用、再循环）。《废弃物管理法》第8条、第14条和第68条规定了生活垃圾的管理和罚款，实施规则规定了关于垃圾袋、分类排放和处理的全面内容以及法令委托的事项[3]。20世纪90年代初，政府采取大量措施，通过资金支持建设大规模商业化处理厂，支持处理技术的研发，以促进垃圾处理技术的发展和应用。1992年颁布了《节约资源及促进或再利用法》（Act on Resource Saving and Recycling Promotion），此部法律正式提出了"污染付费"的概念，规定了从量计费原则和生产者延伸责任（EPR）系统。1992年韩国还颁布了《废物越境转移及处置法》（Act on Waste Migration），1995年颁布了《废弃物处理设施设置促进及周边地域支援法》（Act on Treatment Facilities Promotion and Support Surrounding Area），2005年颁布了《建筑、拆除废弃物法》（Act on Construct Waste），2008年颁布了《电力电子产品和汽车资源循环法》（Act on WEEE & ELVs）。同年，韩国还颁布了废弃物转变为能源的全面计划，强调将废弃物作为一种资源，建设资源循环型社会（RCS）。为了促进资源循环型社会建设，最近政府建议制定新的法律《促进资源循环型社会建设法》（Promotion Law for Achieving a RCS）[4]。此外还有一系列行政条例、部门规章、地方行政法规对废弃物的处理做出了具体规定。

1994年，韩国环境部发布了《废弃物管理指导守则》，为地方政府实施从量收费政策，制定相应的法规，管理制度和财政预算提供了详细指导。

20世纪90年代，对"3R"原则的重视也对韩国垃圾管理产生了积极作用。

其中"控制使用一次性用品"政策响应了《节约资源及促进或再利用法》第 10 条规定，该政策鼓励人们使用可循环或者环境友好型材料用品，控制使用一次性餐具和牙刷，尤其是禁止免费发放塑料袋，当前市场上购物塑料袋价格为每个 20～50 韩元。1995 年，韩国还成立了"生活资源再循环社团"，免费收集家具、体育用品、家用或办公室用电器，并维修后以二手产品卖出。1992 年，韩国环境部又出台了"公共事业单位优先购买再循环产品"政策。1993 年，发布了"对再回收企业提供财政支持"政策，为帮助经费紧缺的回收公司进行基础设施建设和技术研发，促进再循环产业发展，韩国环境与资源公司提供了长期、低利率贷款。1992 年发起了"减少食物剩余"运动，并于 1994 年开始对餐饮行业进行强制教育。2005 年起，全面禁止直接填埋食物垃圾。

表 1　20 世纪 90 年代韩国的资源循环政策

分类	政策
减少	减少包装 从量收费系统 购买一次性塑料袋 控制使用一次性用品
再利用	使用可循环材料
再循环	固废保证金制度 垃圾收费制度 延伸生产者责任制度

2.2 组织机构健全

韩国的垃圾管理机构从中央到地方依次为环境部、特别市、广域市和道以及市、郡和区。各层级管理机构的主要职责为

环境部的主要职责包括：对废弃物处理的技术研究、开发和支援；为地方政府履行职责实施技术性和财政性支援；对跨越地方政府之间的废弃物处理事务进行调整。其中，环境部资源循环局的废资源管理科负责管理生活垃圾的收集和运输等，废资源能源小组负责管理生活垃圾填埋设施和焚烧设施。

特别市、广域市和道等的主要职责包括：给基层地方政府提供技术性和财政

性支援；对其管辖范围内废弃物处理事业进行调整。例如，首尔特别市内部的具体机构为清洁环境局的生活环境计划科，管理生活垃圾的收集、运输、填埋及焚烧。

市、郡和区的主要职责包括：为恰当处理垃圾，设置和运营废弃物处理设施；在改善废弃物的收集、运输和处理方法的同时，提高居民和从业人员的清洁意识，抑制废弃物产生[2]。

2.3　管理制度完善

2.3.1　垃圾分类制度

韩国政府自 1993 年开始实行垃圾分类制度，韩国为此制定了详细的垃圾分类标准。其中城市垃圾主要分为四大类，包括可回收垃圾、食物垃圾、大型废弃物以及一般生活垃圾。可回收垃圾又包括很多分类，包括纸制品类、罐类、瓶类、金属类、塑料纺织类及各区域规定的其他可回收垃圾等。食物垃圾主要是指食品生产、流通、加工和处理过程中产生的农产品、水产品、畜产品垃圾和餐后剩下的食物垃圾。大型废弃物是指超过标准垃圾袋最大尺寸的废弃物，如大型的家具、家用电器等不可回收垃圾。除上述 3 种之外的都归为一般生活垃圾。

可回收垃圾应该放入可回收垃圾箱内，由负责机构于特定时间去回收。可回收垃圾不需要付费，以此来激励居民增加垃圾回收率。在运输过程中，可回收垃圾也不可与其他垃圾混在一起。如果交由企业负责收集，政府必须负责监管。

1995 年，从量收费制度刚刚开始实施时，食物垃圾与其他垃圾共同处理，但因为食物垃圾水分多，容易滋生细菌等点；1997 年起，饭店等大规模食物垃圾排放开始要求分开收集和处理，现在这种制度已经扩展到每家每户等小规模排放口；2005 年起，食物垃圾不允许直接进行填埋处理。

此外，韩国还特别重视垃圾分类的宣传教育工作，将垃圾减量和分类处理的知识纳入环保教育的基础课程，通过小学生“小手拉大手”的作用，提高整个社会的垃圾分类意识，并加强媒体宣传，提高民众的垃圾分类意识和能力。

表 2 可回收垃圾分类[5]

分类		名单
纸张		报纸
		书、笔记本、纸袋、日历、包装袋
		纸杯、包裹
		箱子或盒子
罐子		铁罐、铝罐（饮料罐、食品罐）
		其他
瓶子		水瓶、其他
金属		废铁（工程用具、电线、指甲钳、熨衣板等）
		有色金属（镍黄铜、苯乙烯、电线）
塑料	发泡聚苯乙烯	水果盒等
	PETE（1）	饮料瓶、水瓶、油瓶等
	HDPE（2）	水瓶、洗发水或清洁剂容器、白酒瓶
	LDPE（4）	奶瓶、米酒瓶
	PP（5）	盒子（啤酒、可乐、烧酒）、垃圾桶、簸箕、水葫瓢
	PS（6）	酸奶瓶、沙瓦瓶（Shawa bottle）
纺织物		棉花
		其他衣物
农村废弃物		杀虫剂瓶
		农业用废弃乙烯基
其他		其他可回收垃圾

2.3.2 从量收费制度

按照国际经验，垃圾收费标准主要分为定额和从量两大类。其中定额收费包括按户单一费率征收、按地区垃圾量单一费率征收；定量收费包括依标准垃圾桶数征收、按重量征收和按垃圾袋征收等方式。1995 年 1 月 1 日，按垃圾袋征收的从量收费制度在韩国开始实行。垃圾收集费用以购买垃圾袋的形式支付，垃圾袋上印有不同的标志，不同地区只能使用不同的垃圾袋。一般垃圾则要在指定零售点购买垃圾袋。垃圾袋的成本包括垃圾收集、运输、处理成本以及垃圾袋制作成本等。产生垃圾越多，付费越多。

用户使用垃圾袋必须装满至画定的虚线处，封口后放在每户门口，在特定的收集日由负责机构收集。对于大型废弃物，如冰箱、衣柜等，使用者需要提前向管理机构汇报其地址、名字、物品类型和大小以及电话号码，并购买“准扔证”贴在上面，否则，垃圾回收人员有权拒绝运走。对于食物垃圾，公寓居民要求投放在食品专用垃圾箱中，一般的家庭居民需要使用食品专用垃圾袋，一般为可降解垃圾袋。根据韩国环境部统计，实施从量收费制度 10 年后，垃圾排放量从 1994 年的 1.33 kg/（人·d）降低到 2004 年的 1.03 kg/（人·d）[6,7]。

韩国的从量收费制度具有几个特点。不同种类的垃圾采用不同的收费标准，如对不可回收的生活垃圾，设计了 2～100 L 8 种不同容量和价格的垃圾袋供居民选择；对食物垃圾，设计了 1～5 L 4 种不同容量的垃圾袋[5]。收费标准区域化，不同地区的垃圾袋外观有所不同，防止居民到其他区域乱扔垃圾，并且收费标准由各地政府视情况而定。收费和回收时间固定，以保证不影响市容和及时处理。收费形式为现金收费，韩国购物一般为刷卡消费，而垃圾袋一般只能现金购买，这可以让民众切身感受到自己的垃圾成本，加强环保意识。

表 3　2012 年垃圾收费覆盖区域

全体行政区域		生活垃圾管理区						非生活垃圾管理区	
		小计		实施收费处理		未实施收费处理			
邑（乡或洞）/个	住户/户	邑（乡或洞）/个	住户/户	邑（乡或洞）/个	住户/户	邑（乡或洞）/个	住户/户	邑（乡或洞）/个	住户/户
3 487（139）	20 211 770	3 486	20 179 816	3 486	20 179 816	—	—	1（139）	31 954

注：表中括号内数字为指定的非生活垃圾管理区数量。

2.4　法律责任严格

为了保证垃圾分类和收费制度能够有效实施，韩国采取了多种措施。一是通过安装摄像头监督民众按照规定投放垃圾，环卫人员收垃圾时会对垃圾袋进行检查，有时警察也会参与到垃圾管理与回收过程。对于违规投放垃圾的行为进行的处罚，最高罚金可达 100 万韩元（约合 5 900 元人民币）。对于查出违规的人，还可以强制对其进行教育。为了监督垃圾投放行为，政府指定地方环境组织和市民团体作为监督人，并雇佣特别监管员进行长期监督。按照规定，第一次违规投放的罚款 1 万韩元（约合 59 元人民币），第二次违规罚款 2 万韩元，第三次罚款 5 万韩元[5]。二是设立违法投放举报奖金制度。因为靠惩罚获得的成效有限，2000 年起，韩国设立了违法投放举报奖金制度，各地政府视情给予垃圾违法投放的举报人一定的奖金，鼓励居民揭发违法投放行为。举报者可以获得罚金的 80%作为奖励。实施 3 年后，接到居民举报高达 59 000 次，惩罚金额高达 26 亿多韩元，支付举报金 11 亿多韩元[8]。还有一种方法是在一定时期内发放特定垃圾袋，在市民中组成 2～3 人的检查小队，市民自我监督，查出违反规定的人。不过这种方法容易造成工作人员与违规者之间的冲突。

2.5 处理效果显著

根据《2014 年韩国环境年鉴》，2012 年韩国垃圾产生量共 394 510 t，其中 47.3%为建筑垃圾，31.5%为工业垃圾，12.4%为生活垃圾，其他占 3.1%。韩国的垃圾处理量为 394 510 t，达到 100%的处理率，其中 83.4%得到回收再利用，9.3%被填埋处理，6.3%被焚烧处理，其他处理方式占 0.9%。2003—2012 年，总体垃圾产出量呈现增长趋势，但生活垃圾并未有大幅增加，反而略有下降。垃圾处理循环再利用率也大幅增加。韩国生活废弃物的处理方式从 1982—2012 年的 30 年里产生了巨大的变化，填埋比例从 96.5%降低到 15.9%，焚烧比例从 2.0%增加到 25.0%，回收比例从 1.4%增加到 59.1%，回收率大幅增加。图 1 显示了 2003—2012 年不同方式垃圾处理量的变化，回收率有明显增加趋势。

现在，韩国已经向新的进程迈进。1986 年《废弃物管理法》将废弃物的概念从需要控制和管理的对象变为需要减少的对象，目前，韩国又在提倡将废弃物看作一种重要的国家资源，并以此制定一系列法律法规。

据调查，56%的填埋垃圾是可再循环的（包括降低能量），韩国设定了在 2020 年实现“零填埋”的目标，并将实行“4R”（减量、再利用、再循环、能量回收）政策，增加生产者的回收利用率，在废弃物收集与再循环方面加强与地方政府合作，在延伸生产者责任制下增加物品名单。为此，韩国还制定了《促进资源循环型社会建设法》，整合了所有相关法律，为资源循环型社会建设提供法律基础。该法已于 2014 年递交给韩国国会，该法还将在促进资源循环型产品的使用中起重要作用，为生产再生材料的公司解决市场难题。

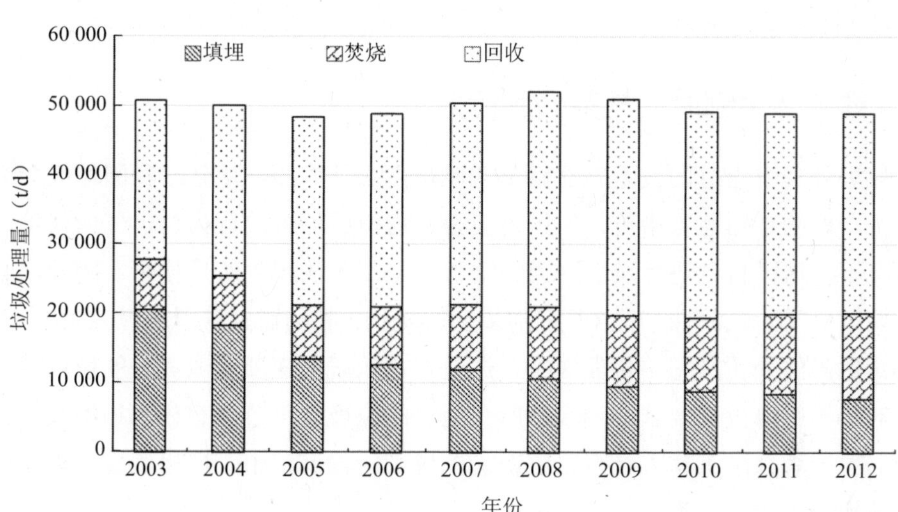

图 1　生活垃圾的产生量和处理量（2003—2012 年）[8]

3　经验启示

我国“垃圾分类”也早已不是一个新名词，而能够达到“知行合一”却十分困难。韩国的垃圾管理制度之所以取得成功，与其详细的规定、强有力的监督措施等密切相关，对我国加强生活垃圾管理具有重要的借鉴意义。

3.1　加强环保教育，提高公民意识

不论是垃圾分类还是收费制度，都离不开公民的配合，提高公民环保意识十分重要。韩国非常重视环保宣传教育，注重从孩子开始培养环保素养，将垃圾分类知识纳入环保教育基础课程培养。同时，韩国也十分重视对国民环境责任意识的教育，通过各种媒体播放公益广告，并曝光违规行为。我国应该利用学校教育，从孩子抓起，培养垃圾减量、分类意识，以孩子带动全体公民的环保责任感。还应利用我国各项新媒体快速流通的特点，加强社会宣传，为相应的管理制度的实施打好群众基础。主要宣传内容可以包括垃圾的产生、运输和处理量，废弃物管

理的政府预算，收费制度的益处，收费制度的内容和实施情况，分类指导准则，居民配合的重要性等。

3.2 健全法律制度，规范公民行为

垃圾处理中先进的技术固然重要，但是立法是核心与基础。我国垃圾分类政策没有严格的惩罚监督措施，居民不会为违规投放垃圾的行为付出任何代价，这种情况下，居民自觉进行垃圾分类的动力不足，无法起到实质作用。因此，必须增强垃圾分类的强制性。联合社区居委会等机构，共同监督管理垃圾分类的实施。并制定适当的处罚措施，督促居民自觉遵守，让居民逐渐养成良好的垃圾分类习惯。对于不符合投放要求的垃圾，所在地区的垃圾收集公司有权利拒绝收集，使当地居民或者社区工作人员自己解决。在垃圾运输过程中，严格监控垃圾流向，避免垃圾随意倾倒行为。

3.3 做好垃圾分类，坚持源头治理

垃圾分类是垃圾能否得到有效治理的前提和首要条件，目前，我国虽然也有垃圾分类的规定，但分类不够详细，分类规则也没有得到很好地宣传。大部分垃圾分类设施形同虚设，多数居民并未按照类别投放。不同类型的垃圾投放混乱，给处理也增加了难度。如食物垃圾往往含有大量水分，若不能隔离处置，将会污染其他垃圾，给焚烧或填埋都带来困难。所以，制定合理详细的垃圾分类标准十分重要。我国的垃圾中食物垃圾占很大比例，据粗略统计，中国每年倒掉的食物足够养活两亿人。中国固体垃圾中的70%是食品。可见个人行为在垃圾分类制度中占重要角色。借鉴韩国的分类经验，建立细致的分类标准，在收集、运输和处理过程中保持分类原则。最大限度地分离出可回收垃圾，使再利用最大化。并在社区中加强垃圾分类教育，采取摄像监管、鼓励举报等多种方式监督人们的行为，与地方政府和社区管理委员会联合，将垃圾分类落实。垃圾分类的实施不仅体现在收集过程中，在运输和处理中也需要按类型区别对待。如食物垃圾可以加工成饲料，也可堆肥，填埋产生气体发电等。

3.4 完善收费制度，减少垃圾排放

目前我国居民的卫生费由小区物业按公摊面积收取，商户则由所属街道部门按户收取。所以居民付出的费用是固定的，并不会因少产生垃圾而少付费，也不会对垃圾的回收利用产生激励作用。我国也可以采取不可回收垃圾从量计费，可回收垃圾不收费的方法。这将对我国基层公共服务人员或者物业管理人员提出更多要求。垃圾收费是一项重要的管理政策，也不可孤立地强调其作用，还需要多项管理措施共同配合。如我国还需要同步完善垃圾回收机制，将更多垃圾“变废为宝”，以切实发挥从量收费制度的作用，达到的垃圾减量目的。由于人们的环保意识有限，实施垃圾收费还需要增加公众的接受与认可度。

参考文献

[1] The World Bank. What a Waste：A Global Review of Solid Waste Management[R]，2012.

[2] 王芮. 我国城市生活垃圾分类处理政策研究——以德州市为例[D]. 青岛：中国海洋大学，2015.

[3] 陈浩. 韩国城市生活垃圾管理制度探析[J]. 当代世界，2010（11）：57-59.

[4] Yang WS，Park JK，Park SW，et al. Past，present and future of waste management in Korea[J]. Journal of Material Cycles and Waste Management，2015（17）：207.

[5] Kwang Yim Kim，Yoon Jung Kim. Volume-based Waste Fee System in Korea[R].Korea Environment Institute，2012.

[6] Min DK，Rhee SW. Municipal solid waste management in Korea[A]//Agamuthu P，Masaru T. Municipal solid waste management in Asia and the Pacific Islands[C]. Springer，Singapore，2014：173-194.

[7] Ministry of Environment of Korea. A study on assessment of volume-based garbage rate for decade and actualization plan of garbage bag cost[R]，2005.

[8] Ministry of Environment of Korea. Environmental Statistics Yearbook[R]，2014.

七、韩国农村垃圾管理经验分析①

随着我国经济社会的发展，农村生活水平的提高，农村垃圾污染问题也日趋凸显。农村平均每人每天产生生活垃圾 0.8～1.5 kg，按照 2015 年年底全国 6 亿农村常住人口测算，我国每年产生农村生活垃圾约 1.75 亿 t。但现有的农村发展和管理体制并未能很好地应对这一新问题。我国很多农村地理位置偏远，村民环保意识不强，对实行统一的垃圾收集运输管理带来较大难度。据清华大学环境学院的研究显示，全国 4 万多个乡镇以及近 60 万个行政村中，多数没有基础环保设施，大量的垃圾只是简单焚烧，一埋了之，或者随意堆放，无人问津。“垃圾围城”尚未解决，“垃圾遍村”又添新困。根据 2013 年住建部调查结果显示，我国农村地区生活垃圾无害化处置率仅为 11%左右，远远低于同期城市生活垃圾 89%的无害化处置率。

韩国作为垃圾管理体系较为完善，效果较好的国家之一，有许多值得我们学习借鉴的经验。20 世纪 60 年代，韩国的农村经济水平落后，环境较差，通过制定相关法律，开展综合整治行动，实行垃圾分类、从量收费和回收利用等制度措施，并加强对农业生产垃圾的重点管理，如今韩国农村环境整洁，生活垃圾和农业垃圾管理效果显著，提高农村环境状况的同时，也促进了农村新能源发展，提高了农民生活水平。

1 完善法律法规

韩国并未针对农村垃圾制定专项法律，而是在各项相关法律中对农村垃圾管

① 本文作者：刘平、周国梅。

理进行了规定。1986 年，韩国将《污物清扫法》和《污染防治法》中垃圾管理的所有内容进行整合，制定了《废弃物管理法》（Wastes Control Act），它对包括工业垃圾、生活垃圾、粪便、建筑垃圾以及传染性垃圾等的减量、分类、再循环和处理方法等进行了较全面的规定，此部法律可以看作是韩国开始对垃圾进行系统管理的起点。

对不同垃圾种类，韩国陆续制定了更加有针对性的法律。由于 20 世纪 70 年代农村农业生产带来的塑料垃圾增多，逐渐引起社会关注，1980 年韩国颁布了《合成树脂废弃物处理工业法》（Synthetic Resin Waste Processing Business Act）。1991 年，为有效处理畜禽养殖产生的排泄物颁布了《畜禽粪便处理和污水处理法》（the Act on the Disposal of Sewage，Excreta and Livestock Wastewater）。1995 年，颁布了《周边区域废弃物处理设施促进和援助法》（Promotion of Installation of Waste Disposal Facilities and Assistance，etc. to Adjacent Areas Act），成为保障垃圾处理设施附近居民的权利，避免“邻避效应”的法律依据。

韩国十分重视资源循环和生产者责任理念，并通过立法赋予其实质性。1992 年《资源节约及促进再利用法》（Act on the Promotion of Saving and Recycling of Resources）开始实施，从此将固废循环利用的理念形成了法律条文，进一步规定了从量收费制度和延伸生产者责任制度（EPR），极大地促进了韩国固废再循环体系的发展。

2 农村生活垃圾管理制度

韩国的垃圾管理制度主要包括垃圾分类、从量收费和回收利用。垃圾分类是合理处理垃圾和从量收费的前提，从量收费制度是促进垃圾减量的有效手段，回收利用将垃圾变废为宝，是垃圾管理的最新趋势。以上制度在韩国全国施行，并针对农村地区的特殊情况进行了完善，取得了良好效果。

2.1 垃圾分类

韩国政府自 1993 年开始实行垃圾分类制度，为此制定了详细的垃圾分类标准并不断定惩罚金和奖励措施，其中，农村废弃物包括杀虫剂瓶和农业用废弃乙烯基均属于可回收垃圾。对于违规投放垃圾的行为，最高可罚款 100 万韩元（约合 5 900 元人民币），而对于举报者发放一定的奖金，以此鼓励居民揭发违规投放行为[1]。

对于人口较少或者位置偏远的乡村地区，生活垃圾由所属城市设立统一垃圾分类收集设施，并开展运输和处理。为防止违规投放，还会指定专门人员进行监督。一般垃圾至少每个月收集两次，可回收垃圾至少每个月收集一次。如果地方政府没有垃圾收集处理能力或者相应的设施，可以委托第三方进行管理。

2.2 垃圾收费

1995 年 1 月 1 日，按垃圾袋征收的从量收费制度在韩国开始实行，主要针对城市和大多数乡村地区。因为可回收垃圾不收费，使垃圾回收比例大幅增加，1982—2012 年的 30 年里，垃圾回收比例从 1.4%增加到 59.1%。

由于农村地区监管较弱，常常发生违规倾倒垃圾事件，为了规范农村地区垃圾倾倒行为，韩国于 2002 年开始实行村级的收费制度。这一制度是针对未能对垃圾分类收集的农村或渔村地区，对混合垃圾进行从量收费，而非采用购买垃圾袋的形式。实施这一制度的地区将建立地方管理委员会，为相关事宜提供讨论平台，如垃圾收集地点的选取、执行代理人、垃圾收集频率、步骤和方法等细节问题。为防止违规倾倒，委员会还制定了自我监督制度，由执行代理人负责组织居民合作，对居民进行宣传教育。地方居民选择垃圾收集地点，地方政府负责征集费用，费用根据垃圾产生量和人口进行计算。一般垃圾管理费用可以有以下几种收集方式：一是先由乡村公共经费中支出，然后由每户村民均摊。二是先由垃圾管理代理人垫付，然后再向村民收费。三是直接计算人均费用，并向村民收集。如果当地居民经济有困难，政府将会给予一定补贴[2]。

2.3 回收利用

20 世纪 90 年代，对“3R”（Reduce、Reuse 和 Recycle）原则的重视也对韩国垃圾管理产生了积极作用。近年来，韩国又提出实行“4R”（Reduce、Reuse、Recycle 和 Energy Recovery）原则，并且作为固体废物处理的首要考虑原则。与“3R”原则相比，主要增加了能量回收政策，即垃圾的能源化，主要包括废弃资源能源化、生物质能源化和自然资源能源化。

农村垃圾中具有一定热值的有机垃圾较多，如生活中的厨余垃圾和食品垃圾、畜禽养殖产生的畜禽粪便等。因为此类垃圾含有较高的有机质、水分和微量元素，极易污染水源、土壤和空气，韩国尤其注重此类有机垃圾的专门收集和处理。根据能量回收原则，此类垃圾可以用作新能源材料，填埋发酵后，结合新能源发电技术，为当地乡村提供能源。韩国在“低碳绿色乡村”活动中，将不同乡村分为社区型、农村型、复合型、山村型、渔村型等，按照不同类型的特点和能源资源条件，制定了不同的能源开发利用模式。如人口在 1 000 户以下的社区型乡村，利用当地的废弃物资源、厨余垃圾、下水污泥、畜禽粪便、行道树及修剪枝叶等作为能源资源，并可结合太阳能、风能、地热能等新能源。此外，还可以作为动物饲料或者处理后制成有机肥。为了促进有机垃圾的循环利用，截至 2008 年，韩国已经投入 1 448 亿韩元（约合 8.8 亿元人民币）为 248 个地区建立了食品垃圾能源化处理设施[3]。

农业塑料垃圾管理十分关键，如农业生产活动带来的废旧农膜、农药等化学物质包装等。对于此类物质，韩国将其归为可回收垃圾类，但与其他日常生活产生的可回收垃圾不同，此类物质具有单独的回收处理流程。1980 年韩国还为此专门颁布了《合成树脂废弃物处理工业法》，并指派环境资源循环利用公司专门负责收集废弃农药瓶，此后还在多地成立废弃农膜处理厂。这部分垃圾的收集由地方政府负责，地方政府收集了农民上交的废弃农膜和塑料包装后，并设立专门场地进行储存，现在韩国有多达 11 943 个存储点。有的地方政府提供专门的垃圾袋，专供收集此类垃圾。有的乡村还开展了回收竞赛，激励了农民的回收热情。垃圾的处理交由有相关资质的机构负责，韩国主要由韩国环境公司（Korea Environment Cooperation，以下简称环境公司）进行回收处理，为了提高垃圾处理效率，环境公司也会将收集或处理外包给其他企业。环境公司是韩国的国有企业，在全国具有 23 个存储设施，可供存储 12 万 t 农业废弃物。韩国每年产生农业废弃物约 33 万 t，环境公司收集量占 58%（约 20 万 t），个人收集量占 20%（约 7 万 t），还有 20%未能收集。其中个人收集回收的大多为价格较高的产品。有些回收塑料可以不经过加工，只需清洗便可以再卖出。农业塑料薄膜由于其理化性质特殊，通常采用切割、清洗、筛选、蓬松、熔化等工序加工成颗粒。而农药等的容器垃圾韩国每年产生 7 000 万～8 000 万个，其中大约 73%（约 5 000 万个）由环境公司收集，其余未得到收集再利用。为了使农民提供的回收农药瓶更加清洁可用，韩国还规定要使用标签注明提供者的个人信息，如姓名、电话和地址等。2016 年，环境公司在农业生产垃圾循环方面的支出共 4 200 万美元，其中收集处理花费 1 700 万美元，设备运营维护花费 2 500 万美元。收入共 1 800 万美元，其中商品销售收入约 500 万美元，政府补贴约 1 200 万美元。为了激励农民自觉回收提供这一类垃圾，政府给农民提供了一定补贴，如农民提供 1 kg 塑料薄膜会得到 30～50 韩元（约合 0.2～0.3 元人民币），提供 1 只农药瓶将会得到 50 韩元（约合 0.3 元人民币）。但这种补贴并非“一刀切”式，较偏远地区因为经济条件差，收集困难，补贴可达 300 韩元（约合 1.8 元人民币）。这些补贴的来源由中央政府、地方政府、农药制造商各提供 1/3。根据联合国发布的韩国国别报告显示，韩国政府在农业垃圾处理领域提供了大量补贴，2004 年为 1 200 万美元，2007 年增至 1 800 万美元。2006 年已在农村地区建成 119 座处理设施，占地面积达到 192 万 m^2[4]。

对于农业生产后的麦草秸秆，韩国通过对秸秆加工，将其变为饲料供给养牛场。现在韩国秸秆还田率接近 20%，而 80%以上的秸秆变废为宝，成为集约化养牛场的饲料，并不断创新发展出了稻麦—肉牛联营的种养业模式。其主要的技术支撑为集成化的收储和发酵软化机械设备的运用，将秸秆收集、压缩、打包、喷氨、加菌等技术集于一体。为了推广这一应用，政府还对购买这一机械的农户进行财政补贴。目前这套机械价值为 1.3 亿韩元（约合 79 万元人民币），政府补贴约 30 万元[5]。

3 综合环境整治

农村的经济发展、村民素质和生活水平的提高能够为农村环境改善提供有利条件。在新农村建设活动中，将农村综合环境整治与各项建设活动相结合，起到事半功倍的效果。

3.1 新村运动

20 世纪 70 年代，韩国政府以改善农村人居环境，推动农村生产和生活方式迈入现代化为目的的“新村运动”。整个“新村运动”主要围绕改善农村生活环境、发展生产和增加收入、改造农民精神 3 个方面来展开，虽然各阶段均有侧重点，但韩国政府自始至终都十分重视农村环境保护和居民生活环境质量的改善。新村运动经历了 3 个阶段：20 世纪 70 年代政府主导，80 年代官民合作，90 年代进入自我发展阶段。由于农村基础薄弱，基础设施建设基本为空白，因此早期的“新村运动”主要从改善农村基础设施建设入手，国家平均给每个村子发放 335 袋水泥，并规定村民只能用其来开展公共事业建设，政府也为村里修建了公路、水电等基础设施。这一阶段为农村环境改善奠定了良好的物质设施基础。80 年代的“新村运动”则重点开展精神运动，唤醒国民意识提高，致力于促进村民与政府共同治理农村环境。“新村运动”以“勉励、自助、协同”为基本精神，充分利用和发挥了农民的自治能力开展各种环保活动。与环境保护相关的精神教育包括废品回收、勤俭节约等，并开展了资源回收、缩减餐饮垃圾、清洁河川等活动。此外，还教育村民遵守公共道德，维护良好的环境[6]。90 年代，随着基础设施建设的完善和村民意识的提高，村内的民间组织和社会团体发挥了主要促进作用，政府只给予方向指导。

3.2　提高村民生活质量

2004 年韩国颁布了《农民、渔民生活质量改善及农林牧渔地区发展法》（Special Act on the Elevation of Life Quality of Farmers，Foresters and Fishermen and the Promotion of Development of Agricultural，Mountain and Fishery Areas）。此法律主要为促进农村地区发展，提高农民生活福利和教育质量，并将据此制订五年行动计划。改善农村环境也是此法律的重点内容之一。

第一个五年计划为 2005—2009 年，以促进农村生活、娱乐和工业发展为主题。第二个五年计划为 2010—2014 年，以促进农村幸福生活、工作和休闲为主题。第三个五年计划为 2015—2019 年，以尊重农村价值观，满足村民需求为主题，制定了包括改善环境在内的七大目标。根据计划，韩国将提高农村饮用水供水率，完善污水处理设施，发展农村生态旅游项目。在垃圾管理方面，计划将完善废弃物管理系统，在农村建设废弃物综合处理设施，垃圾分离设施，建设农业生产垃圾收集和处理设施，发展新能源乡镇并在江原道的洪川郡开展第一个试点项目。

3.3 低碳绿色乡村行动

近年来，韩国政府还开展了“构建600个低碳绿色乡村”活动。2008年韩国政府发布了《为绿色成长及应对气候变化的废弃物资源、生物质能源对策方案》，低碳绿色乡村便是其七大重点课题之一，并提出了“到2020年为止，努力将农村能源自给率提高40%～50%”的发展目标。低碳绿色乡村活动要求全民参与，实行低碳生活方式，提高能源利用效率，并利用当地自然条件开发风能、太阳能等可再生能源。如厨余垃圾、食品垃圾、下水污泥、畜禽粪便、树枝落叶等均可以作为能源资源，并与太阳能、风能、地热能等自然能源结合利用。不仅解决了部分能源资源问题，还为一些废弃物解决了处理途径[3]。

4 经验启示

我国农村生活垃圾成分复杂，从类型来看，垃圾总量中有机类占38.44%，无机类占41.16%，可回收类占18.67%，有害类占1.73%。从成分来看，主要以渣土为主，如土渣、燃料飞灰、建筑等，占42.38%，厨余垃圾占35.97%。同时，不同区域的农村生活垃圾产生量也有较大差别，总体分布形式为中部＞东部＞西部[7]。

我国农村垃圾管理涉及多个部门，如农村环境综合整治由环保部负责，农业面源污染由农业部负责、环保部监督，住房和城乡建设部于2014年还牵头开展了农村生活垃圾5年专项治理，目标是全国90%村庄的生活垃圾得到处理，其包含9大领域中，综合整治和技术指导由环保部负责。在管理实施上，大多行政村采用“户集、村收、乡运、县处理”的传统治理模式，经费也主要由各级财政预算支出。但县级以下的环保能力较弱，更有些地方经济发展水平低，难以顾及农村垃圾的处理。

由于农业生产活动，农村的农业面源污染问题也十分严重。农业面源污染带来的固废主要是废弃农膜和农药、化肥的包装，由于自身环保意识不强和管理不善，农民往往随意丢弃，带来环境污染。我国的工业发展还有整体向农村转移的趋势，工业排放也是难以忽视的污染源之一。除农村自身产生的垃圾，由于监管漏洞，还频繁发生城市垃圾向农村转移的现象。违规转移的垃圾常常随意倾倒在河边或野外，甚至倒在水源地，给生态环境和人们健康带来极大危害。

“他山之石可以攻玉”，根据韩国的经验，结合我国实际，针对我国农村垃圾处理制度建设，提出如下建议。

4.1　注重因地制宜，完善法律制度

我国自 1996 年开始实施垃圾分类制度，但一直未能大范围推广，农村地区更加难以实施。我国农村人口基数大，经济基础弱，地域面积广，分布不集中，一般位置偏远，给分类收集运输带来很大难度，垃圾收费制度也很难立即开展。要在制定相关法律制度时充分考虑农村地区的实际情况，采取切实可行的措施，推动农村环保进入制度化、规范化。

因地制宜，采取不同的垃圾管理制度。交通便利的平原或丘陵地区，可以以村为单位建立垃圾分类收集设施，充分利用县或者市已有的运输条件和处理设施，建立“户集、村收、县处理”的模式。对于交通不便或者较偏远的地区，可在发展当地的垃圾自治机制，建设小型垃圾处理设施，自行收集分类后就地处理。对可以转换成能源的如食品垃圾和畜禽粪便，在当地建设发酵和沼气收集设施。

我国城乡二元结构带来了城乡环境保护的二元结构，加重了环境不公现象，其中最主要的表现就是城乡环境污染的转移。只有建立健全农村环境法规，限制污染转移，加强农村环境规划，完善农村环境影响评价体系，严格法律责任，严惩污染转移行为，促进农村企业切实遵守国家的各项环保标准。

4.2　培养环保观念，提高参与意识

垃圾分类和资源的循环利用离不开村民的配合。要加强村民的环境意识教育，将垃圾分类的概念引入农村地区。韩国在农村地区组织了管理委员会，充分利用村民自我管理能力对垃圾分类和收费制度进行宣传、实施和监督。我国在过去的新农村建设等活动中已经对节约资源、循环利用的理念进行过许多宣传。但垃圾管理仅靠政府的呼吁远远不够，还需要激发村民的参与热情，尊重村民的自治性，培养村民的自我管理、自我监督能力。

环保意识提高要避免“假大空”的号召，让环保宣传更加务实，贴近村民生

活。通过组织学习、媒体宣传等村民喜爱的方式对村民进行垃圾分类教育，宣传垃圾循环利用方法。开展垃圾回收竞赛、美化居住环境等活动，逐步推动制度落实。

韩国“新村运动”中，农村妇女成为最积极的一支力量，起到了先锋作用，发挥了无法替代的作用[8]。农村妇女在家庭环保教育中更是绿色生活的“先行官”，还是家庭结构中垃圾分类回收利用的主要践行者，对于家庭成员特别是儿童的环保意识培养有着重要的指引性作用。因此，着重提高农村妇女的环保意识十分重要。

4.3 加强政府管理，发挥指导作用

韩国“新村运动”最初注重政府主导，官民合作，最后发展为自我发展阶段。我国农村垃圾管理还处于初级阶段，这导致了农村生活垃圾在很大程度上还将依赖政府的扶持和支援，国家政策的有效投入和政策引导是关键。我国农村人口众多，面积较广，在中央综合管控的同时，应该充分发挥地方政府的作用。首先，基层领导干部要改变传统的政绩观念，树立经济发展是政绩，环境保护同样是政绩的理念，将农村垃圾管理作为农村发展的一项重要任务。将基层政府的职能应转到公共服务方面，特别是对生态环境的保护上来。其次，我国基层环保部门人员数量少，专业知识水平低，要加强基层环保人员的环境保护意识和环境管理能力，进一步增强对农村环境保护工作的责任心、紧迫感和自觉性，真正地把农村环境保护工作摆到政府工作的重要议事日程上来，加强农村环境保护的执法力度，有效实施各项环保措施。此外，要赋予地方政府一定的监管权，对乱排放垃圾的工业企业进行严格监督。加强地方自治能力和区域之间的相互监督，杜绝城市污染转移和各种垃圾违规倾倒行为。

4.4 加强政策扶持，引入市场机制

我国农村基础设施建设尚不够完善，垃圾分类和循环利用等难以落到实处。由于农村地区经济基础薄弱，上级政府需要加大资金投入，加强环境基础设施建设，并保障设施的正常运行。另外，在垃圾管理分类和回收利用等制度推广初期，需要政府进行一定的补贴，激励村民的垃圾分类和回收行为，推动垃圾源头分类、有效处理到再利用的良性循环。

我国经济发展水平有限，而农村人口众多，面积较广，仅靠政府部门包揽处

理农村垃圾很难维持，需要引入市场化运作机制，鼓励社会资本参与农村垃圾处理设施和建设的运营。现阶段，我国已经出台多项政策规划，为农村垃圾处理的市场化营造了环境。2009—2013 年，各级财政用于农村生活垃圾治理的投入逐年增多，平均每年增加 20%[9]。2015 年，住建部已全面启动农村生活垃圾 5 年专项治理，计划使全国 90%村庄的生活垃圾得到处理。在 2016 年 12 月印发的《“十三五”全国城镇生活垃圾无害化处理设施建设规划》中提到完善以公共财政为主导的城镇垃圾处理设施建设投资体制，逐步形成“政府引导、社会参与、市场运作”的多元化投资机制。在政策驱动和实际需求下，农村垃圾处理具有较大的市场空间。在市场的主导下，将大型的垃圾处理设施建设、运营管理和垃圾清运等项目运作的方式，通过公开招标，寻找市场的运作和管理主体，实现市场化的管理，提高建设、运营、管理的效率[10]。

4.5　推动技术创新，提高处理效率

农村垃圾处理具有巨大的市场空间，但对于农村特殊的条件，如何提高垃圾处理效率，节约处理成本，还需要加大相关领域的科学研究、技术创新与开发力度，推进无害化处理、资源化利用技术的应用与普及。规范垃圾填埋、焚烧技术。研发秸秆收集技术，降低秸秆饲料化成本，合理制定饲料结构配合方案。强化畜禽粪便、厨余垃圾等有机生物垃圾综合循环利用和生态处理技术研究与开发，促进新能源在农村的普及和发展。加快废弃塑料、农地膜等回收循环再利用技术和可降解塑料膜的研究与应用，减少农业面源污染。加强对外交流与合作，积极引进、学习和借鉴国外先进技术，不断吸收与创新，建设符合我国农村实际情况的垃圾处理技术体系。

参考文献

[1] Yang W S，Park J K，Park S W，et al. Past，Present and Future of Waste Management in Korea[J]. Journal of Material Cycles and Waste Management，2015，17（2）：207-217.

[2] Kwang Yim Kim，Yoon Jung Kim. Volume-based Waste Fee System in Korea[R]. Korea Environment Institute，2012.

[3] 李梅，苗润莲. 韩国低碳绿色乡村建设现状及对我国的启示[J]. 环境保护与循环经济，2011，31（11）：24-27.

[4] http：//www.un.org/esa/agenda21/natlinfo/countr/repkorea/ruralDevelopment.pdf.

[5] 周应恒，张晓恒，严斌剑. 韩国秸秆焚烧与牛肉短缺问题解困探究[J]. 世界农业，2015（4）：152-154.

[6] 朱明贵. 农村居民生活垃圾的合作治理研究[D]. 南宁：广西大学，2014.

[7] 岳波，张志彬，孙英杰，等. 我国农村生活垃圾的产生特征研究[J]. 环境科学与技术，2014，37（6）：129-134.

[8] 李小红. 韩国新村运动中的女性对中国农村妇女培训的建议[J]. 世界农业，2013（7）：110-113.

[9] 陆娅楠. 农村生活垃圾专项治理启动未来5年破解“垃圾围村”[J]. 农村·农业·农民（A版），2014，12：7.

[10] 宗智. 农村生活垃圾带来的环境问题及治理技术[J]. 现代农业科技，2010（9）：295-297.

八、危险废物管理的国际经验借鉴研究[①]

2018 年 1 月，多家媒体报道了不法分子向长江非法转移、倾倒固体废物事件，引起社会广泛关注。据安徽省环保厅通报，长江航运公安局芜湖分局在铜陵段查扣 7 艘非法转移疑似固体废物的船舶，在马鞍山段查扣 1 艘非法转移生活垃圾的船舶，8 艘船舶共计装载固体废物近 7 000 t。另据船主交代，曾于 2017 年 11 月初将 2 400 余 t 固体废物倾倒在铜陵市长江沿岸。通过相关部门的调查发现，向长江倾倒固体废物已经形成了完整的“产业链”，并呈现出有组织、规模化、跨省倾倒等特点。

1　长江经济带危险废物生成和处置概况

长江经济带覆盖上海、江苏、浙江、安徽、江西、湖北、湖南、重庆、四川、云南、贵州 11 省（市），约 205 万 km^2，占全国面积的 21%，人口和经济总量均超过全国的 40%，生态地位重要。

根据国家统计局 2016 年数据显示，11 省（市）共产生危险废物 1 820.53 万 t，占全国总量的 34.05%，其中危险废物综合利用量为 1 037.54 万 t，占全国综合利用量的 36.74%；危险废物处置量 616.42 万 t，占全国处置量的 38.39%；危险废物贮存量为 218.74 万 t，占全国贮存量的 18.89%。11 省（市）中江苏和湖南两省危险废物产生量较大，分别为 350.98 万 t 和 307.20 万 t；四川、浙江、云南三省紧随其后，产量都超过了 200 万 t；安徽和湖北两省产量超过了 100 万 t；上海、江西、重庆和贵州四省（市）产量在 70 万 t 以下。具体情况如图 1 所示。

① 本文作者：张扬、国冬梅。

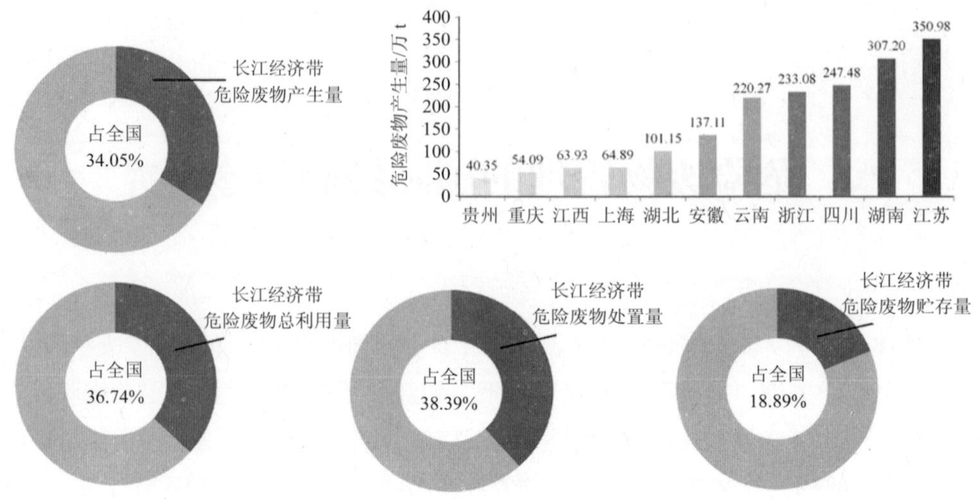

图 1 2016 年长江经济带 11 省（市）危险废物产量及处理处置情况

数据来源：《国家统计年鉴 2010》。

在危险废弃物处置方面，2015 年，全国持危险废物经营许可证的单位 1 980 家，核准处置利用规模为 5 138 万 t/a，实际处置利用总量 1 523 万 t（图 2），可见核准处置利用能力并未充分利用。

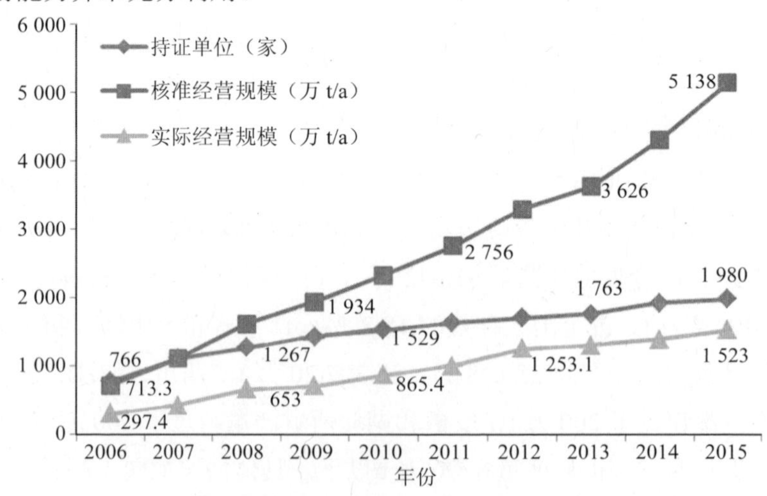

图 2 危险废物集中利用处置能力情况

数据来源：朱雪梅，中国固体废物环境管理体系，2017 年。

危险废物之所以被非法倾倒，主要有以下几个方面的原因。一是巨大的经济利益驱使。我国每年产生数千万吨危险废物，2016 年仅长江经济带 11 省（市）就产生危险废物 1 820.53 万 t，占全国的 34%。按法律规定须交给有资质的危险废物处置企业处理，但处理成本需 5 000～6 000 元/t。一些危废产生单位不愿承受昂贵的处理成本，就以超低费用将危险废物私下转交给无资质的企业或个人，后者多通过非法倾倒，以节约处置费用。二是部分地区无害化处置能力不足。某些省（市）危险废物经营单位少，定点的只有几家，且普遍存在危险废物处置设施容量小、技术落后、人员素质低等问题，难以满足处置需要。三是危险废物监管难度大。危险废物从产生到处置周期长，需要经过储存和运输环节，且每一个环节均需人为参与，增加了监管难度。现实中，大多数地方危险废物从产生到处置全过程监管的职责主要由环保部门承担，公安、环保、司法等相关部门尚未形成监管合力。

2　发达国家及地区危险废物管理经验

2.1　美国危险废物管理

2.1.1　以“从摇篮到坟墓”为管理核心的联邦立法

美国是危险废物生产大国，也是危险废物泄漏多的发达国家。面对严峻的形势，美国十分注重从立法上对危险废物进行管理，并取得了较大进展。1976 年通过的《资源保护和恢复法》（RCRA）是美国固体废物管理的基础性法律。RCRA 的管理范围包括一般固体废物和危险废物两大类，并实行分级管理。在 RCRA 中规定，美国国家环保局（EPA）负责管理危险废物，各州政府对非危险废物进行管理，但各州制订的固体废物管理计划需报请 EPA 批准。

RCRA 在危险废物管理中的核心是规定生产者对其产生的废物实行“从摇篮到坟墓”的全过程管理，并在管理中强调首先要从源头减量，其次回收利用，最后进行安全焚烧或填埋的管理序列。美国国家环保局及各州政府对危险废物的焚烧进行严格管理，并应用价格机制鼓励危险废物减量化。美国通过对潜在责任人的奖励、补贴、罚款等经济手段来加强对危险废物的管理。对规范有效预防危险废物产生的机构给予奖励，而对产生危险废物的机构，要求其承担严厉的经济责任，这样可起到及时清理危险废物场所的目的，同时，RCRA 规定，危险废物产生者不可能通过与处置废弃物的第三方签订协议而回避责任。即使是由第三方的行为造成了废物的错误处理，原始产生者仍需对不适当的处置负责。

RCRA 规定对危险废物实施分类管理。美国将危险废物分为大源、小源、有条件豁免小源。大源（LQGs）指的是某一个月产生 1 000 kg 及以上的 RCRA 规定的危险废物的污染源；小源（SQGs）指的是 100 kg 及以上，1 000 kg 以下的危险废物产生源；产生量在 100 kg 以下或某一个月急性危险废物产生量小于 1 kg 的源，有条件豁免小源承担的义务较小。对不同的污染源其管理要求也不同，对于大源，则要求危险废物的产生者承担识别危险废物的种类、确定危险废物产生量、运输前的包装、申请跟踪识别号、记录保存等一系列法定义务。对不同产生量的产生者实施不同的管理方式，既达到对产生量大的产生者的严格管制目的，又防止加重产生量小的产生者的负担，符合科学管理的原则。

RCRA 要求 EPA 编制“危险废物名录”，列入名录的物质皆为危险废物。EPA 根据 RCRA 制定了三份名录：①出自非特定源的危险废物名录；②出自特定源的危险废物；③被抛弃的商业化学品、不合规格的材料、容器沉积物和溢油沉积物。三份名录共列入大约 650 个危险废物编号，上千种危险废物。

EPA 为更好地实施 RCRA，制定了上百个配套法规，如《危险废物产生者条例》《危险废物运输者条例》《危险废物设施所有者和营运人条例》《危险废物特别条例》等。这些配套法规形成了较为完善的危险废物管理法规体系，并提供法律保障。这些配套法规不仅包括危险废物从排放到回收利用等各个环节的规定、规划，还包括了大量的指导手册、指南等，例如《危险废物处理存储处置者废物分析——指导手册》《RCRA 检查手册》《危险废物焚烧设施许可手册》等，收编于联邦法规汇编，并于每年 7 月 1 日更新出版一次。这些指导手册和指南在指导危险废物产生企业更好地守法方面起到了积极作用。上述危险废物管理的法规对危险废物管理规定的较为详尽，相关的法律责任严厉，法律体系较为完善。

2.1.2　严格的处罚措施

RCRA 中的第三章规定，美国政府可以采取刑事处罚和民事罚款，对于那些故意将有害废物运送到没有许可证的废物处理厂，或没有联邦、州许可证而又故意加工、储存、处理任何有害废物的人，可采取多达 5 万美元的罚金或两年监禁，或两者并施的刑事处罚。在填写申报有害废物清单时，如果故意弄虚作假，毁坏清单或隐藏清单，将受到多达 25 000 美元罚金或一年监禁，或二者并施的处罚。

在美国非法倾倒垃圾可能是轻罪或重罪，取决于国家和其他一些因素，如浪费的程度，废物的类型以及是否危险，倾倒固废是否由个人或企业承担，以及被告是否犯了先前的罪行。倾倒有害或大量的废物，都是面临较重罪行的因素。美国垃圾非法倾倒可能面临以下一种或多种处罚。

（1）监禁。对于轻罪，刑期可能为 12 个月或更短的时间，具体视每个州的情况而定。对于重罪，刑期可以是一年或多年。

（2）罚款。法院判处被告罚金处罚，根据情况，这些罚款差别较大。情节较轻的罚款可能少于交通罚单，但情节严重的可能是数千美元。此外，罚款可以每天累积，直到非法倾倒的垃圾被清理。

（3）缓刑。缓刑监督人员定期会见见习官，并履行其他条款和条件，如维持就业和参加咨询。

（4）社区服务。法庭通常将被告到法庭认可的组织（如慈善组织）工作数小时的要求作为缓刑的一部分。

（5）赔偿。法院经常要求被告支付因非法倾倒而对他人财产造成的全部损害。

（6）治理。法院可能要求被告治理和修复因非法倾倒而造成的环境损害。

2.2　德国危险废物管理

德国有关危险废物管理法律分为联邦法和地方法。联邦法主要有《废物清除法》《防止污染扩散法》《危险废物贮存控制条例》《废物鉴别条例》《废物运输条例》《污染源登记条例》《污染控制法》《环境统计法》等，有关法律制度主要有以下几项。

2.2.1 危险废物清除计划制度

德国法律规定，废物产生企业必须制订减少、清除废物计划，限制废物产生、排放、处理，确定废物产生限量值、废物监测、无害回收措施、不能回收的废物的清除措施等；专门清除机构也需制订相关计划，包括清除方案、措施、规模、数量、种类等。此外，政府、联邦、州等也要制订废物清除计划和方案，以规划清除设施的建设和地点、数量、规模、清除方法、环保措施等。

2.2.2 申报登记制度

申报登记，在德国称为污染源登记。产生固体废物的企业必须向环境保护部门报告并登记。登记内容包括企业名称、地址、产生废物装置和条件等，并妥善保管。

2.2.3 许可制度

德国法律规定，许可分为清除许可和生产危险废物许可。清除许可指清除机构及其清除设施、产生危险废物的公司内部的清除设施都须经许可才能进行清除活动，不论何种性质、形式的危险废物收集、运输、贮存、处理、处置机构和设施均须获得许可。产生危险废物许可指所有产生危险废物的工业设施的建设、投产、设备、燃料、物料、生产、制造、运输、使用等均须经许可。德国法律禁止向环境排放固体废物，所有的固体废物只能在经许可的装置、设施中收集贮存、运输、装卸、处理、处置。

2.2.4 运输货单制度

在德国，运输危险废物实行运输货单制度。由废物产生者、运输者、接收者在货单上签字并各保留一份。货单内容包括：委托运输者（产生者）、运输者、接收者的名称和地址，运输路线，废物种类、数量、运输方式、运输工具状况，防护措施。德国法律规定，危险废物运输必须采用集装箱（或封闭式）运输。企业自行收集、运输危险废物须经批准，但业经许可的专门清除机构收集、运输除外。

2.2.5　废物交换制度

德国是最早实行废物交换制度的国家。目前，废物交换组织主要有各种经济联合会、行业工会、其他社团和部分官方机构等进行废物交易活动，各州设立的废物清除中心和收集站也进行废物交易活动。德国工商协会利用会员和报刊等向会员和其他人介绍废物供求情况，各地协会将各地情报汇总交工商协会汇编成目录广为散发。各企业可向各自加入的行业工会提出供求废物的请求，由行业工会负责联络。废物交易所公布所收集到的情况（包括废物名称、种类、数量、产生者和收集者情况等）供各企业利用。各种废物清除机构和回收利用企业也建立废物清除数据库或废物回收利用情报系统。

2.3　澳大利亚—南澳大利亚州

澳大利亚的南澳大利亚州将非法倾倒定义为：未经环保局或地方议会等有关部门的许可或批准，在公共或私人土地上或在水中处置废物。对非法倾倒废弃物有着严格的处罚措施。对于个人来说，处罚可能高达 50 万美元或 4 年监禁。对于一个法人团体来说，罚款可能高达 200 万美元。

此外，南澳大利亚州环保局还有专门负责查处非法倾倒的部门，非法倾倒监管部门的目标是非法填埋、倾倒危险废物、商业拆除和工业废物、液体废物以及未经澳大利亚环保署许可的废物企业和运输商等非法活动。

非法倾倒监管部门会利用情报、秘密监视和其他调查手段，以确定调查和制止非法废物活动，以及确定涉及非法废物活动的各方。任何一方在从生产者到运输者到处置者的废物链上犯罪，将被追究责任。

对犯罪者采取“零容忍”态度，包括没收成本和非法活动的利润，以消除与非法废物活动相关的财政激励，从而加强威慑力量。

2.4　香港危险废物管理

2018 年 1 月和 2 月，香港环保署人员分别在元朗攸潭尾及上水马草垄两个回收场发现违法处理废印刷电路板的问题，搜出化学废物共约 2.4 t，总市值约为 24 万元。经深入调查及搜证后，向涉案的元朗回收场负责人及上水回收场主提出检控，分别在粉岭裁判法院被裁定违反《废物处置条例》及《废物处置（化学废物）（一般）规例》，共被判罚款3万元。

香港对危险废物的处理处置有着严格的规定，香港环保署一直致力于打击非法处置各类有害电子废物活动。根据香港《废物处置条例》及《废物处置（化学废物）（一般）规例》，化学废物产生者须向环保署登记，妥善包装、标识及存放化学废物，并聘用持牌的化学废物收集商将废物运往持牌的化学废物处理设施处置。此外，进出口化学废物（包括作转运用途）必须事先向环保署申领有效许可证。任何人未按法例规定从事收集、贮存、处置或进出口化学废物的活动，均属违法。初犯者最高可被处罚款20万美元和监禁6个月；其后再被定罪，可被处罚款50万美元和监禁2年。

3 对策建议

虽然我国针对危险废物的法律法规较为健全，不仅有《固体废物污染环境防治法》，还有《刑法》、"两高"司法解释等，均对非法处置危险废物做出了相关惩处规定，且"非法排放、倾倒、处置危险废物3 t以上的"就可认定为"严重污染环境"并要追究刑责。然而随着我国工业化和城镇化的快速发展，危险废物产生量逐年上升，引发的环境质量和环境风险问题日益突出，现有法律法规和管理制度难以满足党的十九大对生态文明建设提出的新要求，结合发达国家和地区经验对进一步加强我国危险废物的管理提出具体建议如下。

第一，完善立法，强化源头控制，鼓励企业循环利用源头减量

美国在危险废物管理中强调首先要从源头减量，其次回收利用，最后进行安全焚烧或填埋的管理序列。应充分借鉴相关经验对我国涉及危废管理的法律法规进行适当修订，为政府通过应用价格机制对危险废物进行管理提供法律依据。建议：一是明确《清洁生产促进法》中关于企业的奖惩条款，提高法律约束力。在《固体废物污染环境防治法》中鼓励企业开展源头治理，同时考虑危险废物的联防联治机制，使处置利用设施能充分利用、行政审批更快速便捷、监管机制更加高效和无缝对接。二是完善生产者责任延伸制度。进一步明确包括生产者在内的不同责任主体的责任，制定实施细则，增强可操作性。健全强制回收产品目录，对

回收流程实施有效的监管。三是根据收集、综合利用和处理处置的不同特点和需要，并与排污许可证改革相结合，对危险废物经营许可证制度进一步修改、调整，实施分类差别化管理。四是对致力于循环经济发展和危废处理的各类企业、组织机构与个人，应当通过法律与行政提供充分的指导、优惠、奖励和支持，从而为实现危废源头减量提供制度保障。

第二，以信息化手段和专业化运输为抓手，推进危险废物跨区域全过程监管和处置

危险废物转移是安全风险防范的关键，应强化部门协同和大数据应用，实现转移环节的实时监控和规范管理。另外，我国危险废物实际处置利用总量远低于核准处置利用规模，可以看出部分地区危险废物处置面临供需失衡的情况。建议：一是建立长江经济带沿岸省份危险废物信息化管理平台，使危险废物转移联单制度变得“易执行、易统计、易追溯”。同时通过平台发布危险废物供需信息，优化资源配置，提高区域危险废物处理设施利用率和处置能力。二是大力推进危险废物专业化运输监管。联合交通部门进一步完善环保、交通联合监管机制，将“危险废物”纳入道路运输资质许可，运输全程 GPS 监控。

第三，鼓励各地结合实际探索搭建中小企业危险废物服务平台

当前，我国针对危险废物产生量较大的企业管理较为规范，但对中小企业危险废物管理关注较少，且中小企业也面临危废收集难的问题。对此应鼓励各地有关部门大力推进多种形式的收集服务，既为广大企业提供便利，又从源头防范危险废物的流失和不规范处置。建议：一是建立中小企业服务平台。结合各地区实际特点，做好工业园区工业固废收集贮存等环境基础设施的规划和建设，并出台管理办法，搭建服务平台，解决中小企业危险废物收集难的问题。二是针对实验室废物建立处置服务平台。实验室废物广泛来自科研院所、检测监测等机构，产生量小，种类复杂，危害性高，一直是危险废物处置难点。鼓励各地因地制宜，建立安全有序的实验室废物处置渠道。

第四，强化基层环保危险废物管理能力

当前在基层环保危险废物管理过程中缺乏相应的资金及技术支持，鉴定能力及企业业务能力不足，缺乏相应的监督及管理，导致危险废物处理成果较为落后的现象。建议：一是组织相关单位或专业技术人员对基层环保工作人员进行培训，

指导辨认危险废物的正确方式。二是加强对涉及危险废物企业的监督检查，安排经验丰富的环保人员进行严格检查，实时监督危险废物从产生、处理的全过程，推动危险废物经营企业进驻工业园区。三是加强对危险废物企业收集、处理和处置的全程管理，在行政资源有限的情况下，要注重进行处理和处置环节的企业监管。四是强化科技支撑，开展危险废物理化特性和毒性快速测试方法研究，提高危险废物特性快速分析能力，为打击非法倾倒危险废物和追究相关违法行为提供专业技术支撑。

参考文献

[1] 安徽省生态环境厅. 省环保厅通报长江非法转移、倾倒固体废物案件基本情况[R]. http：//www.aepb.gov.cn/pages/Aepb15_ShowNews.aspx？NewsID=89131，2018-04-05.

[2] 张丹丹. 美国危险废物管理法律制度对我国的启示[D]. 北京：华北电力大学，2015.

[3] 李启家. 德国危险废物管理若干法律制度简述[J]. 法制论坛，1995（1）：9-11.

[4] 澳大利亚南澳大利亚州环保局. 非法倾倒[EB/OL]. http：//www.epa.sa.gov.au/environmental info/ waste management/illegal dumping，2018-04-05.

[5] 国家统计局. 中国统计年鉴[M]. 北京：中国统计出版社，2017.

第三章

加强污染场地修复，保护公民健康

一、借鉴国际经验，加强土地污染修复与管理——《全球土地利用评估报告》述评[①]

2014 年 1 月，国际资源委员会（IRP）发布了最新报告《全球土地利用评估报告：实现消费与可持续供给的平衡》（以下简称《全球土地利用评估报告》），针对全球耕地面积扩张侵占自然生态区、土地相关产品生产与消费对全球土地资源压力持续增加的紧迫现状，讨论了实现土地产品（粮食、燃料和纤维）可持续生产与消费平衡的需求和选择。

国际资源委员会试图通过《全球土地利用评估报告》回答一个关键的问题：全球耕地面积扩张到何种程度，才能既满足人类对粮食及非粮食生物质不断增长的需求，同时又将土地利用变化造成的后果（如生物多样性丧失）控制在承受的范围内，即实现供需平衡、土地资源可持续。为此，该报告关注了全球土地利用的趋势，讨论了人口增长、城镇化、膳食结构和消费行为的改变等因素对全球土地利用造成的影响。该报告特别参考了有关农业、地球极限、可持续生产与消费的重要研究成果，为决策者提供了判断国家消费水平是否超过可持续供给容量的方法，实现土地产品供给容量与消费平衡的相关战略与措施，以及有关增加生产、引导消费的政策选择。

结合我国土壤污染情况严峻、相关监测研究实践不足、粮食安全与消费问题集中的实际情况，研究认为：应以《环境保护法》（2015）实施为契机，通过开展土地污染与修复管理，优化土地质量；加强土壤监测，开展污染管理与修复研究，加强能力建设；通过环保构建“山水林田湖草”生命共同体，统一保护、统一修复，积极推动我国“两型社会”建设。

---

① 本文作者：彭宁、陈刚。

1　全球土地利用现状

面对粮食安全、气候变化、能源安全等资源环境挑战，世界上很多国家着手通过增加土地供给量（如加强农业生产、开发生物能源与生物材料）来解决问题，这也造成土地相关产品生产和消费趋势的大幅度变化，对全球土地资源产生很大压力。总体而言，当前全球土地利用呈现五大特征。

1.1　农业用地面积持续扩张，严重侵占森林、草原

据统计，全球 150 亿 hm^2 的土地中，农业使用了 30%以上的土地，其中耕地面积达到了 15 亿 hm^2，约占全球土地面积的 10%。在过去 50 年中，人们通过砍伐森林获取土地进行农业生产，使得全球农业用地面积持续增加。1961—2007 年，全球用于种植作物的土地面积增加了约 11%，但各大洲的情况差异巨大：欧洲和北美洲农用地面积减少，而南美洲、非洲和亚洲的面积增加。同期，砍伐森林的平均速率为每年 1 300 万 hm^2。区域差异同样存在，欧洲地区的森林面积从 1990 年起开始增长，而南美洲、非洲、东南亚地区的森林快速消失。据估计，全球农业用地面积（包括耕地和永久牧场）到 2030 年将增加约 10%，到 2050 年将增加约 14%。未来农业用地扩张、森林草原减少的总体趋势还将继续。

1.2　土地退化严重，生态环境风险加剧

土地退化是农业生产面临的首要问题，这一退化包括环境质量的退化，以及土地资源潜力与生产能力的丧失。由于不可持续的土地利用，全球大约 1/4 的土地处于退化状态，约有 38%的农用地出现退化。在所有退化土地中，仅有 40%的土地为“轻微”退化，修复成本较低。而化肥的大量使用，造成了氮、磷等营养物质过量，导致水体富营养化与温室气体的大量排放，形成了不断加剧的营养物质污染。农业生产扩大化还造成了全球性的生物多样性丧失等后果。当自然栖息地（尤其是草地、热带草原和森林）转化为农业用地时，造成了生物多样性丧失与生态系统服务损失。森林砍伐、湿地排干、放牧等活动引起的土地利用与土地覆盖变化对土壤养分和植被形成干扰，造成二氧化碳释放增加，在砍伐的林地上

开展耕作会进一步释放土壤碳，加速气候变化。

1.3 舌尖上的需求增长旺盛，农产品供应呈全球化、市场化

过去几十年内，政治经济转型、技术进步、市场扩展支持了农业部门的增长并推动农业向全球性产业转型。尽管小农户仍旧在为当地社区提供大部分的粮食，由于经营合理化、大笔资本投入、私有化、世界贸易组织农产品规定等因素推动，具有工业结构导向的私有化农业体系正在替代传统农业模式，为全球市场提供服务。随着农业产业化，农产品市场不断扩大、利润倍增，自 1960 年起，国际农产品贸易量增长了 10 倍。截至 2005 年，全球最大的 10 家种子公司控制着全部种子商业销售的 50%，最大的五家粮食贸易公司控制着 75%的粮食市场；最大的 10 家杀虫剂制造商提供的产品占全部杀虫剂产品的 84%。连锁超市在食品零售业销量中所占的份额也在快速增长。2002 年，南非 55%的食品通过连锁超市销售，巴西达到了 75%，而整个南美洲和东亚地区（中国除外）的比例刚刚超过 50%，中国的比例略低于 50%。

1.4 粮食价格稳步上涨，贫困人口粮食安全面临威胁

从历史上看，农业生产力与产量的大幅增长大力推动了粮食价格长期下降。“二战”后的价格历史峰值主要是由于石油价格增长导致了燃料与化肥生产成本的增加。当前粮食价格回升，虽然仍低于 2008 年的峰值，但已高于很多发展中国家经济危机前的水平。根据经济合作与发展组织（OECD）和联合国粮食及农业组织（FAO）的预测，未来粮食价格将稳步上升。粮食价格攀升不仅对那些粮食进口份额高、财政资源有限的国家形成威胁，同时加剧了贫困，将对贫困人口的生活与生计造成重大影响。价格波动也是稳定粮食生产面临的核心问题。农产品价格波动增加了农民面临的不确定性，会影响他们的投资决策、生产力和收入。

1.5 生产性土地成为重要资产，土地征用面临高峰

由于粮食与非粮食生物质价格不断上涨，生产性土地成为了重要资产，人们对土地的投资大幅度上升。过去几年内，通过购买和租赁等方式，大规模收购土地的情况显著增加。2000—2011 年，交易土地的面积约有 2 亿 hm^2。大约 2/3 的

收购交易发生在撒哈拉以南非洲地区。另外，粮食危机、经济衰退、生物质燃料生产目标这 3 项因素触发了近期的土地征用高峰，而对确保粮食供应或确保“安全”、盈利资产的深层担忧也起到了推动作用。一些政府认为土地交易是获取农业发展与基础设施建设资金的机会，因此也在积极吸引投资者。由于大规模土地征用倾向于工业化、高科技、外向型农业，这通常意味着小规模农业经营的萎缩。

2 全球耕地需求的未来趋势

2.1 全球土地需求增长的驱动要素

土地扩张的趋势，源于人类对粮食、饲料、燃料和材料需求的不断增长，而管理不善、土地退化等因素也导致可以使用的生产性土地面积不断减少。研究表明，未来全球对耕地的需求还将持续增加，原因如下。

2.1.1 粮食增产受限，只能依靠扩大耕地面积满足需求

从全球范围来看，谷类和其他主要农作物的产量增长从 1960 年起开始减缓，专家预测未来的农作物增长量与之前的产量相比还将继续下降。由于发达国家的农作物产量增长已经十分显著，未来其产量大幅增长的潜力有限。一些发展中国家（尤其是撒哈拉以南的非洲国家）则有可能通过改进农业生产实现粮食增产。考虑到气候变化、土地退化率等一系列因素的影响，目前还无法准确估计未来的粮食产量，但是粮食增产受限意味着未来对粮食需求的增长只能依靠扩大耕地面积来得到满足。

2.1.2 人口大幅增长，需要耕地供给口粮

据联合国预测，到 2050 年世界人口将从 2012 年的 70 亿人增长到 96 亿人，增幅达到 35%。不发达地区人口增长最多，将从 58 亿人增加到 82 亿人，增幅达到 41%。数据表明，2005—2010 年，世界人口年平均增幅为 1.2%；其中发达地区人口增幅 0.4%，欠发达地区为 1.4%，最不发达地区为 2.3%。预计这种地区间人口增长不平衡的趋势将持续到 2050 年。届时，要为这些人口提供粮食就必须要

增加耕地面积；欠发达地区人口激增会使其耕地需求增加更快、增幅更大。

2.1.3　城镇化加速，建筑用地侵占耕地

2010 年，全球大约一半的人口居住在城市中，城市与各类基础设施等建设用地的面积约占全球土地面积的 2%。预计到 2050 年，城镇人口数量将达到世界人口总数的 70%，建设用地在全球土地面积中的占比将达到 4%～5%。现有证据表明，城镇化通常会造成城市无序蔓延，侵占肥沃土地和农业用地。2007 年，欧盟 27 个成员国内约 3/4 的新建居住区曾经是耕地。全球范围内，如果城镇人口数量按照预测值增长，到 2030 年，发展中国家的建筑用地面积将增长 3 倍。届时，耕地将被大量占用；为了弥补建筑用地占用的耕地，人们会把天然植被区转化为耕地。

2.1.4　饮食结构改变，推高土地需求

收入增加、城镇化进程加快导致了人们饮食的改变。快餐连锁店、超级市场、对西方（过度）消费模式的全球性宣传都加速了饮食改变的趋势。饮食改变有可能超越人口增长，成为推高土地需求的主要驱动力。由于发达国家饮食中加工食品和牲畜产品的比例已经很高，目前的饮食结构改变主要出现在发展中国家。城镇人口消费的基本主食少、加工食品多，在热量一定的前提下，生产加工食品所需的土地比家庭自制食品所需的土地面积大。以肉食为基础的饮食将导致对农用土地（包括牧场和耕地）的需求大幅度增长。

2.1.5　生物质能源需求增加，参与土地利用竞争

随着对未来能源供给安全担忧的加剧，人们对生物质能源的需求也在持续增长。国际能源署预测，到 2050 年全球约 23%的一次能源将由生物质提供。这其中约有一半来自农林废弃物，那么要提供其余的生物质能源就需要 3.75 亿～7.5 亿 hm^2 的土地，其中有 1 亿 hm^2 的土地将直接用于生物质能源生产。未来，能源作物将与粮食作物竞争土地、水和营养物质。

2.1.6 生物材料成为市场新宠，竞逐土地利用

美国和欧盟都认为以生物质为基础的产品市场前景光明、创新潜力巨大。生物质产品（纸张、纸浆、清洁剂、润滑剂）、现代生物材料（药物、工业用油、生物聚合物与纤维）、高附加值的创新型产品（木塑复合材料、生物基塑料等）的市场各有千秋。《全球土地利用评估报告》对欧盟和美国的市场进行评估后发现，生物质材料约占化学工业原材料的 8%。对生物材料使用的不断增加也需要土地。2008 年，全球生物材料生产使用了约 1 亿 hm^2 的耕地，约占耕地总量的 6.6%。到 2050 年，生物材料生产需要的耕地还将大幅增长，必将与粮食生产竞争耕地。

2.2 全球土地需求增长预测

现有资料表明，未来的土地竞争极有可能进一步加剧。如果不能大幅度提高生物质产品的使用效率，未来大量自然生态系统的土地转化为农业生产用地的情况将难以避免。

据保守估计，为满足人类对粮食和非粮食生物质的未来需求，2005—2050 年，全球耕地的净增长量将为 1.23 亿～4.95 亿 hm^2；如果补偿建设用地扩张和土地严重退化造成的耕地面积丧失，那么到 2050 年将额外需要耕地 3.2 亿～8.49 亿 hm^2，这些耕地都将通过转化森林和草原获得（表 1）。结果表明，人类现有的“基准情景”生产与消费不可持续，需要将人们对全球土地资源不断增长的需求与土地资源可持续性联系起来，综合考虑解决问题的思路与方法。

表 1 “基准情景”下各类需求和补偿因素导致的农田扩张（2005—2050 年） 单位：10^6 hm^2

“基准情景”下的扩张	低估值	高估值
粮食供应	71	300
生物燃料供应	48	80
生物材料供应	4	115
供应净增长	123	495
对建成环境的补偿	107	129
对土地退化的补偿	90	225
总增长	320	849

3 实现供需平衡，推动全球土地资源可持续发展

3.1 打造全球土地利用的安全运作空间

2009 年，瑞典环境科学家乔恩·罗克斯特罗姆提出“安全运作空间”的概念①，为可持续发展提供参考（图 1）。按照乔恩的估计，人类已经突破了气候变化、生物多样性丧失速率、全球氮循环变化 3 个领域的限值。而对于土地利用的安全界限值为：全球用于农业生产的土地占全球无冻土地面积的比例不超过 15%。

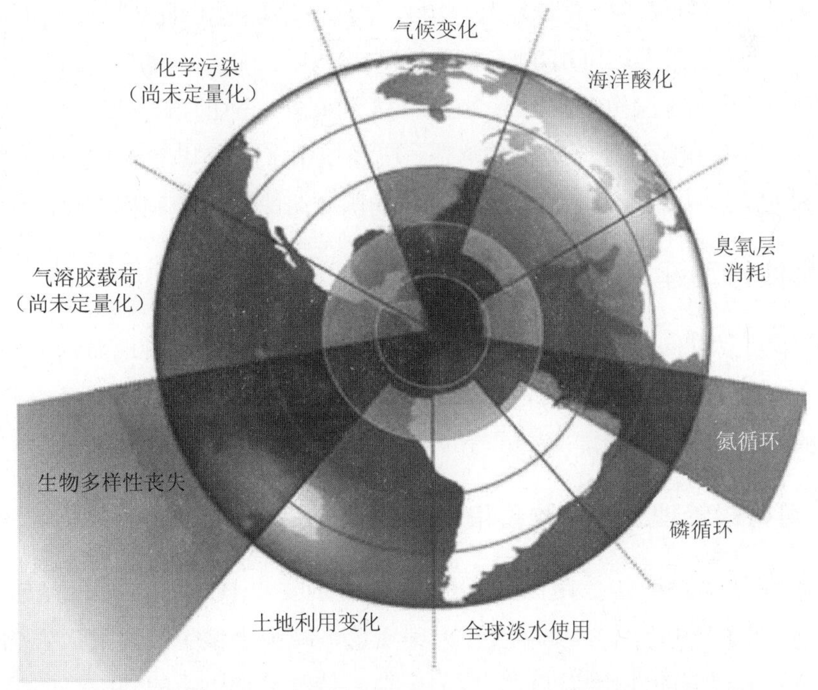

图 1 地球界限控制变量的定量演变估测（工业革命前至今）

① 乔恩带领研究团队针对地球环境退化、资源过度使用的危机，研究提出了“地球界限”框架，共设定了包括海洋酸化、臭氧层消耗、全球淡水使用、生物多样性丧失速率、氮循环改变、土地利用变化、气候变化、气溶胶载荷、化学污染在内的 9 条安全界限，希望以此界定人类安全运作空间。

农业扩张和自然栖息地转化是导致全球生物多样性与生态系统服务等人类生存发展基础丧失的主要原因。要实现到 2020 年遏止全球生物多样性丧失的目标，就需要到 2020 年在全球范围内遏制耕地扩张侵占草地和森林。这意味着，基准情景的发展只能推进到 2020 年。彼时，全球耕地面积将增加 1.9 亿 hm^2（总增长），其中约 1 亿 hm^2 为净增长，其余 0.9 亿 hm^2 用于补偿建成区和退化土地。依据“安全运作空间”限值计算，用于满足需求的全球耕地面积最多只能增加到 16.4 亿 hm^2，这就是开展可持续消费的参考水平。如果人类按照基准情景发展到 2050 年，预计农业用地增长将突破所有“安全运作空间”。因此，要将生产与消费维持在“安全运作空间”范围内，需要到 2030 年将人均耕地面积维持在 0.20 hm^2（1 970 m^2）。

但现状并不乐观，以欧盟为例，2007 年欧盟的耕地需求为人均 0.31 hm^2 ①，比 2007 年欧盟国家人均可用耕地面积多了 1/4，比 2007 年全球可用人均耕地面积多了 1/3，比“安全运作空间”下 2030 年人均 0.20 hm^2 的指导值还高。这一结果显示，一些国家和经济地区由于高消费，已经使用了超过其全球“安全操作空间”合理份额的陆地资源，对净出口这些产品的国家带来了土地利用变化的压力。

3.2 具体行动建议

为了满足人们对粮食和非粮食生物质的需求，同时控制耕地面积增长，将其维持在“安全运作空间”限值内，应制定政策促进粮食供给，并引导消费向可持续消费的水平发展。为此，应重点开展以下 3 个方面的行动。

3.2.1 可持续管理土地，改善粮食生产

土地可持续管理体系是改善粮食生产的重要工具体系，而最佳管理实践（BMP）按照循环利用生物质、改善土壤质量、减少土壤生长要素损失等原则，将影响与土地相关的性质与过程，成为土地可持续管理体系的基础组成部分。

各国应根据自身的社会、经济、自然环境情况，选择最适宜的管理用于提升本国粮食产量；同时综合运用传统科学与本地传统知识，加强可持续农业生产，改善生态系统服务水平。将改善土地管理相关研究成果推广给农民，实现最佳管

---

① 计算方法是：经济体消费的国内产品加上其进口的农产品，减去其出口的农产品，之后计算生产这些产品所需要的全球土地面积，除以该经济体的人数，最终结果以人均值表示。

理的快速应用。

3.2.2 向可持续供给方向引导消费，控制耕地面积扩张

为了向可持续供给的方向引导消费，应首先监测国内最终消费的实际土地使用量；其次在此基础上明确长期资源消费的目标（可根据安全运作空间的原则确定参考值，确定粮食与非粮食生物质消费的目标和优先级别）；再次调整现有政策（或制定实施新战略新政策），推动消费向可持续消费目标靠近；最后评估措施的有效性（如分析政策影响），总结经验教训。

在推动消费转型的过程中，应重点减少对粮食和非粮食生物质的浪费与过度消费行为，同时提高生物质与土地资源利用效率，控制土地竞争与土地占用，以减少耕地面积扩张。其中，应特别加强监测全部农产品消费的土地需求量，以便对全球平均使用量与可持续供给量进行比较，为部门政策调整需求提供信息。还应在高消费国家实施推广健康、均衡膳食，降低肉类产品消费；控制对（耕地、林地生产）生物材料的消费；切断燃料市场和粮食市场的联系。

综合采取以上措施，预计可以节省 1.6 亿～3.2 亿 hm^2 的耕地，在最好的情况下，可使耕地面积净增长到 2050 年控制在安全运作空间范围内。

3.2.3 实现消费与可持续供给平衡的政策选择

在推动消费转型的同时，重点加强供给。为确保粮食、纤维以及部分燃料的可持续供给，充分利用、保护并且强化自然资源基础，应同步实行两种互补的策略：提高管理水平，管理好每一平方米土地；将生产和消费水平限定在“安全运作空间”内。

加强可持续供给，一方面，要加强农场层面的能力建设，加强农业生产，以生态和社会可接受的方式提高生产集中度，提高可持续供给能力；另一方面，应积极构建资源管理框架，开展可持续资源管理。重点措施包括：加强土地管理与土地利用规划，保护生产性土地，确定开展自然保护的优先区域，避免由于农业扩张和畜牧业生产导致的高价值自然区域的损失，避免建筑用地占用农田的情况，同时提供资金，修复退化土地；加强土地利用监测与数据统计；运用经济工具调节可持续供给和需求，提升公共投资针对性，推动对土地负责任投资；减少生产和收获阶段的粮食损失；推广有效利用农业残留物的项目，鼓励使用热电联供或

多联供技术将残余物加工成回收材料和电、热等能源；支持城市和区域的资源管理实践，可实施城市种植项目以支持当地居民生计。

4 经验与启示

《全球土地利用评估报告》为各国政府、机构的决策者和各利益相关方勾勒出与全球土地可持续利用相关的趋势、重大挑战以及备选解决方案，为各国加强土地资源管理、实现土地产品消费与可持续供给的平衡提供了重要信息与政策启示。当前，中国面临着严峻的农业环境污染与土地退化问题。2013 年 12 月第二次全国土地调查的结果表明，中国约有 5 000 万亩[①]（约 333 万 hm^2）耕地受到中度、重度污染，大多不宜耕种。2014 年《全国土壤污染状况调查公报》进一步显示，我国耕地土壤点位超标率[②]高达 19.4%，轻微、轻度、中度和重度污染点位比例分别为 13.7%、2.8%、1.8%和 1.1%，主要污染物为镉、镍、铜、砷、汞、铅、滴滴涕和多环芳烃。土壤污染与土地退化对中国粮食安全形成的潜在威胁不言而喻。

结合《全球土地利用评估报告》最新研究成果与政策建议以及我国的实际情况，可得到如下启示。

（1）以《环境保护法》（2015）实施为契机，加强土地污染与修复管理，优化土地质量

2014 年，中国史上最严格的《环境保护法》修订出台，特别在土壤污染的调查、监测、评估、修复方面都做出了规定，要求对土壤和土地进行风险评估，根据结果确定修复目标，并在修复后进行验收；同时要求加强农业环境保护，促进相关新技术的使用。这为中国加强农业环境污染治理、修复退化土地提供了法律依据与制度保障。因此，相关部门应以此为契机，实施好新《环境保护法》，同时加快《土壤污染防治法》等配套法的实施，严格惩治土地污染，加强土地污染与修复管理实践，优化土地质量，保护中国的土地资源与土地生态系统。

（2）加强土壤监测，开展污染管理与修复研究与能力建设

中国在大气、水等领域建立了完善的监测体系，但是土壤领域的监测与评估

---

① 1 亩=666.7 m^2。

② 点位超标率是指土壤超标点位的数量占调查点位总数量的比例。

体系建设仍然很薄弱。土壤污染管理与修复产业刚刚起步，相关法规体系、监管体系、标准体系尚不完善。因此，相关政府部门与科研机构应在现有土地资源调查与研究的基础上，进一步加强土地利用和土壤环境监测及相关信息系统建设，重点关注退化土地范围与土质等方面的数据，以便评估土地修复的各种方案，支持《环境保护法》的严格实施。将物质流核算与经济统计数据结合使用，监测国内生产与消费活动对全球土地的需求量和实际使用量，随时针对粮食安全程度、进出口依赖度、可持续供给与消费调整和制定政策。同时，加强土壤环境监管、风险评估与管理、修复技术与能力需求、土壤环境标准等领域的科学研究。

政府也应针对农村加强能力建设活动，在推广土地利用与耕作最佳实践的同时，传播土壤污染防治与土壤修复、农业生物多样性保护的知识与方法，提升农民有关资源可持续利用与环境保护的意识。

（3）通过环保构建“山水林田湖草”生命共同体，统一保护、统一修复，积极推动我国“两型社会”建设

截至 2009 年年底，全球耕地面积 20.31 亿亩，其中约有 1.49 亿亩耕地位于具有重要生态安全作用的区域，需要退耕还林、还草、还湿。土地安全运作空间的理念，要求确保土地利用的质量与数量、供应与需求的系统平衡。正如习近平总书记所言：“山水林田湖是一个生命共同体，人的命脉在田，田的命脉在水，水的命脉在山，山的命脉在土，土的命脉在树。用途管制和生态修复必须遵循自然规律。如果种树的只管种树、治水的只管治水、护田的单纯护田，很容易顾此失彼，最终造成生态的系统性破坏。”未来需要用生态系统的思路，以生命共同体视角来统一管理土地利用的资源与环境问题，高度警惕因新型城镇化、膳食结构变化所引发的资源浪费、环境恶化现象，统一保护、统一修复。为此，建议加强土地利用的环境保护与修复规划，探索土地资源可持续管理的综合模式，探讨实现粮食可持续增产与生态系统健康、生物多样性保护共赢的有效途径；收集传统知识与本土最佳实践，采用生态友好型方式提高农业生产集约化程度，在增加粮食产量的同时确保农业生态安全。同时，政府应大力倡导健康文明饮食文化，加强粮食储备、运输设施建设，减少加工环节的粮食损失，确保消费与可持续供给达到平衡，最终实现我国土地资源的供需平衡，推动资源节约型、环境友好型社会建设。

二、美国土壤污染防治与修复经验分析与启示①

美国国会在1980年通过的《综合环境反应、补偿和责任法》（Comprehensive Environmental Response，Compensation and Liability Act，CERCLA，又称《超级基金法》）是一部土壤污染防治方面的基础性法律。经过后期不断补充和修订，明确规定了法律责任人认定规则和责任范围，建立了“超级基金”保障污染治理的资金来源，并通过法律形式鼓励、保障公众参与环境保护运动，其土壤污染防治体系已经较为完善，值得我们借鉴。

1 美国历史上的土壤污染事件及处理

在美国的土壤污染法律制度建立之前，美国也曾经历多次重大的污染事件，通过总结美国处理此类事件的经验和方法，可以看出，土壤污染事故处理，靠科学更靠法律。

1.1 “黑风暴”事件

美国土壤污染防治立法已经较为完善，这也与美国历史上几次较为重大的土壤污染事件的“激励”有关。1934年，由于拓荒时期土地开垦造成植被破坏，对北美大平原原始表土的深度开垦破坏了原本固定土壤、贮存水分的天然草场，以及未有相关防止水土流失的措施，风暴来临时卷起沙尘，使美国大草原上的生态以及农业受到了巨大影响。这便是震惊世界的美国“黑风暴”事件。基于对该事件引发的土壤污染、流失侵害农业生产的担忧，1935年美国在农业部下设了土壤

① 本文作者：刘平、周国梅、彭宾。

保持局。同年，美国国会参众两院通过了《土壤保护法》。

1.2　拉夫运河事件

20 世纪 70 年代末期，美国爆发了“拉夫运河（Love Canal）事件”。1947 年，美国胡克化学公司将拉夫运河买下，作为公司工业废物的填埋场地。而后，开发商在场地上建立了小学和居民区。随后的 20 多年间，当地居民陆续发现地下室深处的“异味液体”，并出现大量新生儿缺陷。1978 年，媒体调查出了化学物质对人民健康的影响，4 月，调查结果见诸报端。4 月 25 日，纽约州卫生局局长确认拉夫运河存在着极为严重的公共安全隐患，要求尼亚加拉县卫生局采取措施，移除有害化学物质，并隔离污染区。迫于民众压力，纽约州卫生局局长宣布拉夫运河进入紧急状态，下令关闭 99 街小学，污染清理计划即时生效，并建议居住在拉夫运河与紧邻街区的怀孕妇女与 2 岁以下儿童搬迁。随着媒体报道源源不断披露更多居民病情，8 月，美国总统吉米·卡特宣布，拉夫运河进入紧急状态，美国政府将提供资金，对紧邻拉夫运河的 239 户居民进行永久性搬迁——但其他 10 个街区的居民却被排除在外。美国总统以非自然灾害原因（如地震、洪水、飓风等）宣布进入紧急状态，这在美国历史上是第一次。这对于那 10 个街区的居民显然无法接受。1980 年 5 月 17 日，美国国家环境保护局（EPA）对拉夫运河居民血液检查的结果显示，1/3 的居民出现染色体损坏，这意味着他们在罹患癌症、生育受损和基因破损等方面存在着比正常人群更大的风险。5 月 19 日，惊恐于染色体破损的消息，愤怒于政府的无所作为，拉夫运河居民“绑架”了两位在当地调查的环保局官员，并以此向白宫下最后通牒，要求 5 月 21 日正午之前将所有居民搬迁出去。以绑架政府雇员的方式“要挟”美国政府，这在美国环境保护运动史上是第一次。5 月 21 日，卡特总统同意在资金到位之前，将拉夫运河社区的全体居民临时性迁出。并且，经由民众请求，他们在房屋投资上的损失全部由政府埋单，800 多户拉夫运河居民最终账单为 1 700 万美元。在美国环境保护史上，“拉夫运河事件”是一个里程碑式的事件，直接促使了美国《综合环境反应、补偿和责任法》（CERCLA）的出台。根据该法，美国建立了名为“超级基金”的信托基金，旨在对实施这部法律提供一定的资金支持，故也称作《超级基金法》。《超级基金法》是一部关于危险物质泄漏治理的重要立法，对于土壤污染责任的认定具有重要作用。

2 美国土壤环境管理体系

2.1 土壤环境管理和污染治理体系

1980 年美国政府颁布了《危险废物设施所有者和运营人条例》。这是一部实施细则，详细规定了危险废物的处理、贮存和后续管理等各个环节，进一步控制固体废物的处理处置对土壤的污染危害。

美国“棕色地块”的管理与治理主要由联邦政府、州政府、地方政府和社区，以及非政府组织负责实施[1]，各机构主要职能见表 1。

表 1 美国的城市土壤污染与治理分级管理机构及其职能

机构	主要职能
联邦政府	美国国家环境保护局是“棕色地块”治理的主导机构，主要负责对“棕色地块”进行评估与清洁，并对其进行可持续地再开发利用。
州政府	发起志愿者清洁计划（VCPs），并制定清洁标准，对“棕色地块”的清洁起监督作用。与美国国家环境保护局签署合作备忘录，进行分工合作。
地方政府和社区	推动联邦政府关注“棕色地块”问题并对此提供帮助的主要力量。强调“棕色地块”的治理是各级政府及非政府组织、私人机构和地方社区的共同任务。
非政府组织	积极参与并投资于“棕色地块”的治理，推进对类“棕色地块”的治理进程。

在土壤及地下水污染控制与管理过程中，其风险评估、整治技术及标准、整治单位、土地利用规划方向都由联邦政府、地方政府、社区居民与专家学者通过会议、座谈等方式商讨，最终达成“双赢”的方式。

EPA 认为土壤污染评价或评估是治理和恢复污染土壤最为基础的技术工作和手段，是决策土壤污染能否被决策者、开发商及社区和居民在原污染地块上进行开发行为时给予考虑的关键环节。《超级基金法》中对受污染场地的治理过程分为以下几个步骤[2]。①初步的评估/地点的调查（PA/SI）——调查地点的条件；②危险等级系统的得分（HRs）；③国家优先权列表（NPL）的地点登录过程；④补救调查/可行性研究——测定污染物的种类和程度；⑤决定的记录（BOD）；⑥补救设计/补救行动；⑦建设的完成——治理活动的鉴别完成；⑧运行和维护（O&M）；⑨国家优先权列表上的地点被删除。通过上述过程，一旦地点被登记在列表上，那么基本上它就将被执行治理活动（有例外，但很少）。即补救调查/可行性研究只是为治理活动提供进一步的资料与论证，但无法影响到是否进行治理活动。这样，初步的评估/地点的调查就将是十分重要的一步，它的准确性将直接决定某地点是否要被治理[3]。

2.2　信息公开

EPA 官方网站上有一个互动地图，题目就叫“我所在社区的污染治理图”，上面显示了全美国各类污染地块的位置，人们可以通过该图的选项选择污染的不同类型，查看自己所在的地区，还可以点击单个地块的标记查询污染类型，同时它会显示相关链接，可以进一步检索该地块的详细情况，包括地点、面积、评估、治理现状和治理结果等。确认哪里的土壤被污染并加以清除，是一项耗资巨大、旷日持久的任务，需要几代人甚至更长时间的努力，但首先需要知道这类污染的分布。为此，EPA 在其官方网站上开辟了一个栏目，叫作“国土污染优先治理项目清单”，2016 年 4 月 12 日更新的数据中，一共列举了 1 328 个污染地点，其中已经完成污染治理的有 391 个，被提出但尚未确认的有 62 个，已经确认并正在整治的有 1 178 个，任何人都可以登录上述网址检索这些污染项目的情况①。

2.3　公众参与

超级基金的管理制度采用专业管理和公众监督相结合的方式。除了政府设立的专门管理机构外，还针对环境治理基金建立了社会公众的监督与管理机制，使公众参与到基金的募集、投资和使用中。

1986 年的《超级基金增补和再授权法案》中规定，公众可以自身或受害者的名义，对政府、公司或个人的环境违法行为进行诉讼，并可以得到 EPA 的诉讼资助，最高资助额为 1 万美元。资助资金主要用于聘请专业人士帮助公众了解诉讼中的相关问题，从而保障公众顺利的行使诉讼权利，并鼓励公众积极参与环境保

① https：//www.epa.gov/superfund/superfund-national-priorities-list-npl.

护运动。1992 年颁布的《公众环境应对促进法》再次补充了鼓励公众积极参与土壤污染预防与治理的义务及其相应的举措。

3 环境损害赔偿

3.1 “超级基金”的使用

3.1.1 “超级基金”的筹资

“超级基金”的筹资渠道有多种。主要包括：①自 1980 年起对石油和 42 种化工原料征收的原料税；②自 1986 年起征收的环境税；③一般的财政拨款；④对与危险废物处置相关的环境损害负有责任的公司及个人追回的费用；⑤其他，如基金利息以及对不愿承担相关环境责任的公司及个人的罚款。同时，美国政府还同意 EPA 对污染场地进行治理，并向污染责任人收取治理费用。

“超级基金”的初始基金为 16 亿美元，来源有两个：①13.8 亿美元来自对生产石油和某些无机化学制品行业征收的专门税；②2.2 亿美元来自美国财政。1996 年美国国会修改《超级基金法》时，将基金总数扩大到 85 亿美元。其中 25 亿美元来自年收入在 200 万美元以上企业的附加税；27.5 亿美元来自美国联邦普通税；3 亿美元来自基金利息；3 亿美元来自费用承担者追回的款项等[4]。

3.1.2 “超级基金”的运作

“超级基金”主要用于支付以下的费用：①联邦政府和州政府实施的，针对那些不符合《全国应急计划》的废物处置进行的迁移和补救行为的全部费用；②任何个人实施的，针对那些不符合《全国应急计划》的废物处置进行的其他“必须”的责任费用；③因泄漏危险物质而造成的对“天然资源”的破坏等。

“超级基金”投入使用需要复杂的步骤。对于长期恢复过程，首先需要对污染场地进行评估，将其列入国家优先权列表中，制订并执行恰当的清洁计划。另外，《超级基金法》还规定在必要时 EPA 可采取如下行为：可以立即实施清洁行动；对潜在责任方实施强制执行；保证公众参与；协调州政府合作；保证长期的保护性[1]。

根据《超级基金法》规定，设置信托基金，在没有可为受污染场地负责的人时，由信托基金出资治理。如果对污染负责者一时难以查明，修复和赔偿资金就由根据该法案专门建立的环境修复和赔偿的“超级基金”垫付，再由EPA向对某一个或者全部的责任者求偿。

3.1.3　“超级基金”的管理

“超级基金”由其管理机构——美国国家环境保护局固废与应急办公室（OSWER）行使基金的监管权。固废与应急办公室下设的应急管理办公室在超级基金的权利范围内，负责短期应对行为。固废与应急办公室下设的超级基金修复与技术改革办公室（OSRTI）和联邦设施响应和再利用办公室主导管理长期的响应项目，后者负责政府设施响应有关项目。

为保证“超级基金”的顺利执行，还有很多合作机构配合。因为基金项目主要由固废与应急办公室下的超级基金修复与技术改革办公室进行管理，许多项目实施便由其他机构负责。其中EPA内部的机构包括：应急管理办公室（负责“超级基金”项目范围内的短期响应，并对排放或排放危险做出紧急响应和应对准备）、场地修复和执法办公室（负责“超级基金”的执行部分）、联邦设施执行办公室（负责保证联邦设施能够采取有效措施防止、控制和减少环境污染）、“棕色地块”办公室（固废与应急办公室下设机构，负责执行“棕色地块”项目）等。还有其他政府机构，如有毒物质和疾病登记处、美国国家环境健康科学研究所等。

3.2　其他索赔方式

除了向“超级基金”申诉，受害者还可以通过集体民事诉讼向污染者索赔。例如，孟山都公司从1930年就开始在伊利诺伊州生产一种叫多氯联苯（PCBs）的致癌化学原料，直到1971年才停产。居住在伊利诺伊州孟山都工厂附近的超过2万居民发现自己血液中PCBs含量超标后，对孟山都公司及其子公司（首诺公司）提起了民事诉讼。孟山都及其子公司被迫于2003年和原告居民达成价值7亿美元的和解协议，包括6亿美元现金和1亿美元的健康保险。

---

① https：//www.epa.gov/superfund/superfund-institutional-controls-guidance-and-policy.

3.3 潜在污染物的赔偿问题

潜在污染物对人体的影响尚不明确时，美国的经验是，企业先修复环境，资助医学研究作为进一步赔偿受害者依据。2001 年，杜邦公司被西弗吉尼亚地区居民起诉，被控在明知其对人体有潜在危害的情况下排放一种叫全氟辛酸（PFOA）的化学物质。由于当时全氟辛酸对人体的影响尚没有明确科学依据，当地居民和杜邦公司在 2005 年达成总价值 3.43 亿美元的和解协议，其中，杜邦公司必须出资 1 000 万美元改造当地 6 个社区的饮水处理装置，使其足以过滤全氟辛酸，并出资 7 000 万美元建立一个研究全氟辛酸对人体健康影响的独立医学监测项目。一旦证实全氟辛酸对人体确有危害，杜邦公司将面临受害者的巨额民事诉讼。此外，杜邦公司还于 2005 年被 EPA 因"20 年中 3 次隐瞒全氟辛酸排放信息"行政罚款 3 亿美元。2014 年，对全氟辛酸对当地居民健康影响的研究结果出炉：全氟辛酸被证明和肾癌、睾丸癌、溃疡性结肠炎、甲状腺疾病、妊娠高血压综合征和高血压存在相关性。约 2 500 名当地居民随即对杜邦公司提出民事诉讼，索赔金额"数以亿美元计"。

4 美国土壤环境质量标准

EPA 于 1996 年颁布了用于推导保护人体健康的土壤筛选值（soil screening level，SSL）的土壤筛选导则（soil screening guidance）[5]。该导则对土壤筛选值明确定义为污染场地用于或将来可能用于居住用地时，假设各暴露参数取值满足大多数场地的应用状况，采用人体健康风险评估方法推导出来的各种污染物相对保守的浓度限值。土壤筛选值主要用于在场地管理初期快速鉴定是否存在污染，当污染场地土壤污染物含量低于土壤筛选值时一般认为不会对人体健康造成危害，当污染物含量高于土壤筛选值时则需进一步针对具体场地进行风险评估来确定其风险。虽然在该导则中提出土壤筛选值也可用于对其他非居住用地的污染场地初步筛选，但必须明确土壤筛选值推导时所考虑的较常规暴露途径（直接土壤摄入、吸入挥发性污染物和灰尘、饮用污染区地下水、皮肤吸收、摄入种植在污染区的农作物或蔬菜、污染物质挥发至地下室）下的相对保守值。而当污染场地存在其他暴露途径（交通污染、饲养家畜等）时则必须重新判断土壤筛选值的相对保守性是否合理。另外，EPA 还颁布了推导基于生态风险的土壤筛选值（ecological-soil screening level，Eco-SSL）导则[6]，但美国大多数州的土壤环境质量标准一般都仍基于人体健康风险评估制定。EPA 还颁布了土壤筛选指南（Soil screening guidance：User's guide）和超级基金场址土壤筛选等级开发追加指南（Supplemental guidance for development soil screening levels for superfund sites），制定了土地利用方式为居住用地、非居住用地（商业用地、工业用地）及建筑用地时，每个不同暴露途径下旨在保护人体健康的土壤筛选等级的推导方法。目前，EPA 已经分别制定了在居住用地和非居住用地条件下，锑、砷、钡、铍、铬、氰化物、硒、银、铊、钒、锌等 16 种无机物和 93 种有机物的通用土壤筛选等级（Generic SSLs）[7]。

另一类在美国广泛使用的污染土壤初始修复目标值（preliminary remediation goal，PRG，以下简称"目标值"）可定义为在对污染场地进行初步调查后开展修复方法选择时（修复行为开始前）初步设定的修复目标值[8]。与土壤筛选值相似，基于目标值推导仍然只考虑一般场地的暴露途径，不同的是目标值的推导过程中暴露参数依据实际状况重新设置，土壤筛选值则采用满足大多数污染场地的保守取值。土壤筛选值只适用于土地利用方式为居住用地或者将来拟用作居住用地的污染场地，目标值不仅包括居住用地还包括工业/商业用地；土壤筛选值数值较保守，一般较低，而目标值有时数值很大，一般取 105 mg/kg 作为上限值。需要说明的是，目标值只能作为修复目标的初步设定值对污染场地是否需要修复进行初步判定，其作用是在污染土壤管理前期信息不充分的条件下为了后续工作的顺利开展而提出的初始目标值，并不能据此立即判定污染场地存在风险需要修复。在进一步开展风险评估或确定修复策略以后，对具体污染场地的目标值可根据场地具体风险评估结果或修复策略本身特点进行修正。EPA 于 1991 年即颁布了基于人体健康风险评估的目标值筛选导则，目前美国一些州也颁布了基于污染场地人体健康风险评估制定的目标值。

5　美国的主要土壤修复技术

1982—2005 年，共有 1 536 处场地列入国家优先权列表。仅 1997 年，美国

“超级基金”项目耗费 3.8 亿美元用于土壤修复项目[9]。据估计，美国完成所有污染土壤的修复将需要投资 2 089 亿美元，且大部分修复需要经过 30～35 年[10]。美国在 20 世纪 80 年代之后进行了大量的土壤修复工程。美国的“超级基金”计划所实施的土壤修复技术已成为世界各国了解最新土壤修复技术变化的重要窗口。在美国 2002—2005 财政年度中，60%的污染源处理工程项目采用的是原位修复技术，比 1982—2005 财政年度高了 13%[11]。其主要原因是原位修复技术具有修复成本低、无须挖运土壤、适宜对深层污染介质进行修复、对施工人员健康影响小等特点。对美国 1982—2005 财政年度的 977 项土壤修复项目进行统计，如图 1 所示[12]，浅色部分表示原位修复技术，深色部分表示异位修复技术。从图 1 中看出，原位修复技术 462 项，占项目总数的 48%；异位修复技术 515 项，占项目总数的 52%。在所有污染修复项目中，25%采用原位蒸发提取，18%采用异位固化/稳定化，11%采用异位离场焚烧。近几年多项萃取和化学处理技术受到更多关注，而焚烧技术因可能产生二次污染越来越少被采用[13]。

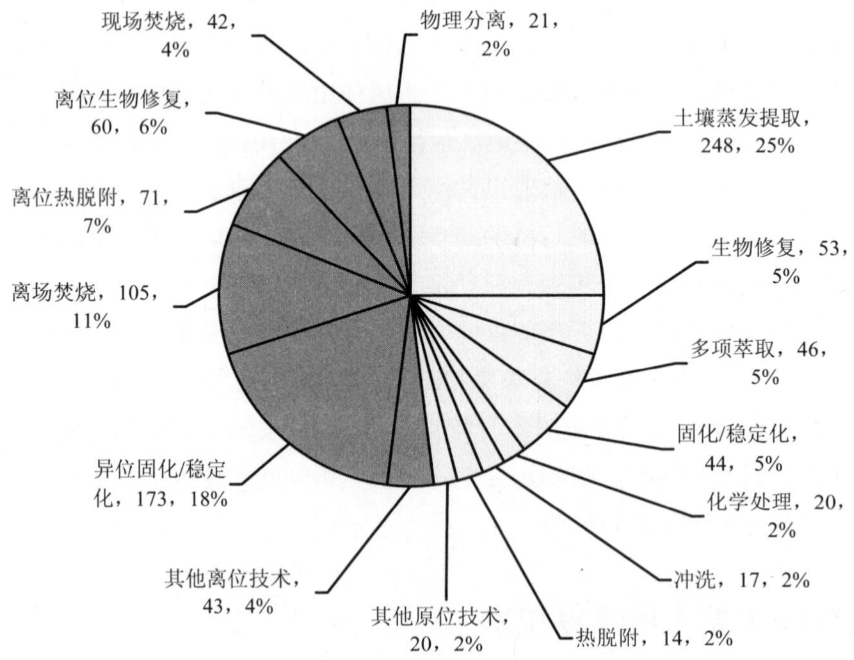

图 1 美国土壤修复技术统计

6　土壤修复成本效益分析

6.1　土壤修复方案的选择

21 世纪初，成本效益分析方法逐渐从水利项目延伸到土地利用、公共安全、卫生健康、环境保护等领域，成为辅助美国总统进行决策的重要工具。2003—2013 财年，美国国家环保局是美国发布重大政策数量最多、成本最高和效益最大的“三最”部门。目前环保领域中，美国在大气环境保护和水利方面的成本效益分析较多，土壤污染治理上的成本效益分析案例较少。

瑞典在此领域具有较为完善的方法。位于瑞典哥德堡附近的赫西（Hexion）地区由于长期作为化工厂场地，土壤受到邻苯二甲酸盐、铅、化学溶剂的严重污染。其修复目标是在场地适宜规划居民区增强生态系统能力，以保护人体健康及附近河流，并确保河流的长期水质安全。项目提出了 4 种备选修复方案。方案 1，基于一般风险评价的挖掘与处置；方案 2，基于特定场地风险评价的挖掘与处置；方案 3，基于特定场地风险评价的挖掘、筛分与处置；方案 4，基于特定场地风险评价的挖掘、筛分、冲刷与处置。研究者采用成本效益分析方法对每种方案的经济可持续性进行评价，并将其作为多目标综合评价（MCA）修复方案的一部分。以成本收益分析法作为理论基础，建立了修复方案的成本与收益项目清单，并将清单中的每一项进行定量化与货币化，最终依据计算出的净现值对 4 种方案加以比较。考虑土壤修复方案潜在的正面和负面影响，研究者将收益与成本进行了分类、细化。

收益分为场地财产价值增加、健康水平提高、生态系统服务供应增加以及其他正外部性 4 个主要项目。成本分为修复支出、修复工程造成的健康影响、修复工程造成的生态系统服务供应减少以及其他负外部性 4 个主要项目。每个主要项目下设置若干子项目，从而建立起详细的修复方案项目清单。在货币化阶段，针对不同的子项目采取了不同的货币化方法。此外，部分子项目未进行货币化。对于这些项目，人为按照重要程度（非常重要、比较重要、不相关或不重要）分类，结果只有“原场地增加的娱乐机会”一个子项目为“非常重要”。

根据已有的数据，运用多目标综合评价（Sustainable Choice Of Remediation）分析工具计算每个收益成本主项的现值并求和，进而得到净现值。按瑞典成本效益分析中的建议值，将社会折现率设为 3.5%，除方案 2、方案 3 的“修复项目风险”子项目为低不确定度外，其余均为中等不确定度。输入收益或受损最多人群（开发者、雇员、公众）进行计算。结果显示，4 种方案均存在净现值为负的概率，但只有方案 1 净现值的期望为负（–1 029 万瑞典克朗）。从排名看，方案 3 净现值的期望最大（1 293 万瑞典克朗），而方案 1 最小。此外考虑“非常重要”23 的非货币化子项目后，4 种方案净现值排名不变。由此看出，传统的挖掘处置方案经济利益低，而进行土壤筛分有较好效益。

6.2 先污染后治理不如防患于未然

美国费城东北的一个城镇叫作本萨勒姆（Bensalem），在其辖区内，位于 95 号公路与特拉华河之间有一个 18 hm^2 的地块，就是所谓“锈带”内的一块“棕地”。20 世纪早期那里是造船厂，“二战”期间被美国政府征购，建设了一个铝厂，还生产炼铝用的助熔剂，后来成了化学工厂，在那里勾兑用于清洁剂与润滑剂的化学品，以及分装制冷剂和盐酸。近百年作为工业用地，那块地里残留了不少有害物质，不但重新利用有困难，而且影响到周边地区的居民生活与物业价值。这个地块被列为“棕地”后，本萨勒姆开发公司与当地一家地产商先后于 2003 年和 2005 年申请到联邦政府和州政府的资金援助，包括州政府与镇政府的 30 万美元、美国国家环保局的“棕地”治理基金 117.5 万美元。有了该笔启动资金，该项目又获得了 530 万美元的贷款。经过清污治理，将百年来积累在本萨勒姆南部滨河地区的各种污染物，包括多环芳族、挥发性有机化合物、多氯联苯、农药和砷等进行了清除处理，消除了对周边地区将近 6 万居民的健康威胁，目前已经进入综合开发阶段。据美国国家环保局的统计，“棕地”项目自启动以来，美国已经有两万多个项目完成了评估，治理完成了 854 项，有将近 1.6 万 hm^2 土地变废为宝，可供开发。这些完成的项目不但为地方提供了将近 8.5 万个工作岗位，还使周边地区的房地产平均增值 2%～3%，社会效益相当可观。但是仔细算一笔账的话，假设本萨勒姆“棕地”的治理费用代表了平均水平，美国所有的“棕地”治理将要花费纳税人超过 6 万亿美元，还要加上社会投入的 110 万亿美元，这还没有算那些问题更大的“超级基金”项目。所以说，环境污染是“前人欠账后人还”，最好的办法还是防患于未然。

7 启示与建议

2014 年 4 月，我国环保部和国土资源部联合发布《全国土壤污染状况调查公报》。数据显示，我国土壤总点位超标率为 16.1%，其中轻度、中度和重度污染点位比例分别为 2.3%、1.5%和 1.1%。此外，工矿企业生产经营活动排放的废气、废水、废渣是造成其周边土壤污染的主要原因。农业生产活动（如污水灌溉，不合理使用化肥、农药、农膜等）是造成耕地土壤污染的首要原因。美国土壤污染修复法律制度的制定和实施对我国具有重要的借鉴价值。

7.1 完善基于风险的土壤环境质量评估准则

污染物的标准值推导原则是以其生态环境效应为基础，但随着我国经济的高速发展和环境污染问题的不断加剧，过少的污染物种类和不尽合理的污染物标准定值等问题，已不能适应新形势下的环保治理需求。我国应制定符合我国国情的风险评估导则，引入风险评估的方法是对污染场地进行管理并制定相应土壤环境质量评价的基础。明确开展各类土壤环境风险评估的原则、方法、流程、层次等，并开展一系列符合我国土壤污染实际状况、暴露特征、风险评估的研究，才能充分发挥基于风险评估的土壤环境质量评价的效用，完善污染土壤风险管理体系。针对我国局部地区重金属污染趋于严重的现状，应重点研究污染区域中重金属的特定污染源及其暴露途径，以保护当地的敏感受体，并有针对性地制定基于风险评估的土壤环境质量评价和最佳污染应对方法与管理策略。针对有些污染区域存在不同种类有机物、重金属等复合污染等的现象，建议开展复合污染条件下对综合暴露途径、复合污染剂量-效应关系的研究，制定更加切合当地实际的土壤环境质量评价标准。此外，我国幅员辽阔，土壤类型较多，应该发挥地方作用，因地制宜地制定不同发展模式和土壤条件下的环境质量标准。

7.2 建立完善的资金管理机制，激励修复市场创新

因土壤污染责任的界定比较复杂，土壤污染的历史积淀比较身后，有时不能完全采用“谁污染、谁治理”原则来修复土壤污染。设置稳定的修复基金，可以保证资金能够及时有效落实到位，保障土壤污染修复的顺利进行。我国已设立土壤修复产业基金，将成为推动土壤修复市场快速发展和不断创新的有效助力。借鉴美国《超级基金法》的经验，除了通过多种融资渠道设置专项治理资金外，基金的管理机制十分重要。可以成立专门的资金管理机构，负责资金的管理、使用。资金管理要注重多部门配合，如资金监督机构、修复效果评估机构等。同时，还要明确资金适用范畴，在污染责任人明确且有能力开展土壤修复的情况下，应该首先使责任人承担起修复责任。

7.3 紧跟市场需求，发展修复技术

我国城市工业污染场地修复具有巨大的潜在市场需求，然而目前我国针对污染场地的修复技术及工程应用刚刚起步，开发适合我国国情、费用效益好的修复技术仍然处于起步阶段。因此，应该在充分借鉴发达国家的成熟技术和场地修复经验的基础上，从我国场地污染特征、社会经济发展状况以及现阶段科学技术储备等多方面综合考虑修复技术的研究重点和发展方向。当前我国修复设备多处于研发或中试阶段，尚未产业化，依赖进口不仅价格昂贵且受到知识产权限制，亟待开发具有自主知识产权的场地修复设备。

作为经济高速增长的发展中国家，我国正面临比工业发达国家更加复杂的环境问题。发达国家上百年工业化过程中分阶段出现的环境问题在我国已经集中出现。我国场地土壤污染呈现出无机-有机复合污染、新老污染物并存的局面，使用单一的修复方法往往不能解决全部污染问题，因此应该对修复技术进行集成，如土壤淋洗-化学氧化联合修复技术、土壤淋洗-植物/微生物修复联合修复技术、化学氧化-微生物修复联合修复技术等。应用组合技术将是今后污染场地修复的重要发展方向[14]。

7.4　加强成本效益分析，注重效率效果

随着我国市场经济的不断发展，成本效益分析也日益受到重视。2004 年，国务院颁发《全面推进依法行政实施纲要》，规定“积极探索对政府立法项目尤其是经济立法项目的成本效益分析制度。政府立法不仅要考虑立法过程成本，还要研究其实施后的执法成本和社会成本”。我国还需提高认识，将成本效益分析确立为推动绿色发展、提升环境治理能力的首要支撑工具。以改善环境质量为核心，加快制定出台成本效益分析的规章制度，提升成本效益分析在环保中心工作中的决策支持作用。加大科研投入，增加知识储备，充分应用大数据、云计算等新兴技术，夯实成本效益分析的研究基础和专家团队。

7.5　建立跟踪机制，确保治理效果

美国《超级基金法》从制定到现在已有 39 年历史，期间不断修改补充，才有了现在相对完善的制度体系。我国第一部《土壤污染防治法》于 2019 年 1 月 1 日正式实施，要杜绝一劳永逸的思想，做好不断完善的准备。因土壤污染的难治理性，实施后的反馈周期会比较长。因此，要明确规定长期跟踪机制，多调查，多研究，确保污染责任人严格按照要求治理，确保污染治理取得实效；以法律明确环保部门的追责权和监督权，生态环境部和地方环保部门联合监管，为土壤污染治理保驾护航。

参考文献

[1]　罗思东. 美国城市的棕色地块及其治理[J]. 城市问题，2002（6）：64-67.

[2]　伦纳德·奥托兰诺. 环境管理与影响评价[M]. 北京：化学工业出版社，2004.

[3]　赵沁娜. 中美城市土壤污染控制与管理体系的比较研究[J]. 土壤，2006，38（1）：6-10.

[4]　蒋莉. 美国环保超级基金制度及其实施[J]. 油气田环境保护，2005，15（1）：1-3.

[5]　EPA. Soil Screening Guidance：User’s Guide. Office of Solid Waste and Emergency Response[R]. Washington，DC：Office of Solid Waste and Emergency Response，1996.

[6]　EPA. Guidance for developing ecological soil screening levels［R］. Washington，DC：Office

of Solid Waste and Emergency Response，2003.

[7] 温晓倩. 我国土壤环境质量标准存在问题及修订建议[J]. 广东农业科学，2010，3：89-94.

[8] EPA. Risk Assessment Guidance for Superfund：Volume I——Human health Evaluation Manual（Part B，Development of risk based Preliminary Remediation Goals）[R]. Washington，DC：Publication 9285. 7-0lB，1991.

[9] EPA. Building on Success：Protecting Hunman Health and the Environment（FY 2007 Superfund Annual Report）[R]. Washington，DC：US Environmental Protection Agency，2008.

[10] Office of Solid Waste and Emergency Response. Cleaningup the Nation's Waste Sites：Markets and TechnologyTrends[R]. 2004 Edition. Washington DC：US Environmental Protection Agency，2004.

[11] Office of Solid Waste and Emergency Response. Treatment Technologies for Site Cleanup Annual Status Report [R]. Washington，DC：US Environmental Protection Agency，2007.

[12] Maja Orberg. Innovative in-situ Remediation Techniques in the Netherlands Opportunities and Barriers to Application in Sweden[D]. Sweden：Lulea University of Technology，2007.

[13] 杨勇. 国际污染场地土壤修复技术综合分析[J]. 环境科学与技术，2012，35（10）：92-98.

[14] 李玉双. 城市工业污染场地土壤修复技术研究进展[J]. 安徽农业科学，2012，40（10）：6119-6122.

三、美国历史遗留污染场地治理经验与教训——“东芝加哥市铅污染危机事件”分析①

2016年美国印第安纳州东芝加哥市西卡柳梅特住宅区被曝存在严重铅污染，包括近700名儿童在内的上千人面临生命威胁。该住宅区铅污染主要是美国冶金和铅冶炼股份有限公司冶炼场地遗留污染导致的。事件发生后美国国家环保局（EPA）对该场地展开新一轮检测评估，东芝加哥市住房局也为居民搬迁提供补贴。但是地方政府隐瞒污染事实、污染企业赔偿等问题引发了巨大争议，目前住宅区居民已经将东芝加哥市市政府、市长、杜邦公司等其他污染公司告上法庭，事件发展进一步升级。

在场地污染方面，美国制定了较为完善的法律体系。对于历史遗留场地污染问题，美国1980年设立了《综合环境反应、补偿与责任法》(《超级基金法》) 应对此问题，此外，美国《资源保护与回收法》、环境公益诉讼、环境健康损害赔偿等制度对于处理历史遗留场地污染相关问题都有重要意义。但在法律执行层面上，地方政府隐瞒部分事实、检测数据局部隐秘等问题也给美国政府处理该问题带来了较大的挑战。

中国目前正处于经济转型升级的关键时期，借鉴美国历史遗留场地污染治理方面的经验与教训对于应对未来可能的场地污染事件具有重要意义。结合美国相关经验，建议我国建立历史遗留污染场地环境信息公开和公众参与制度；尽快推动设立中国版“超级基金”；确立环境公益诉讼和环境损害赔偿制度，以形成更加完备的法律体系解决场地污染问题。

① 本文作者：朱鑫鑫、李霞。

1 美国印第安纳州西卡柳梅特住宅区铅污染事件

1.1 东芝加哥市西卡柳梅特住宅区铅污染事件爆发

2016 年美国印第安纳州东芝加哥市西卡柳梅特住宅区被曝存在严重的铅污染，包括近 700 名儿童在内的上千人面临生命威胁。东芝加哥市市长科普兰 2016 年 7 月 25 日宣布西卡柳梅特住宅区土壤中铅含量大幅超标，建议上千名居民立即搬家。

1.2 USS 铅冶炼公司污染历史与现状

西卡柳梅特住宅区建于 20 世纪 70 年代，其铅污染主要来源于美国冶金和铅冶炼股份有限公司（U.S. Smelter and Lead Refinery，INC.，USS 铅冶炼公司）。1906—1920 年，该公司开始开展原生铅冶炼业务，公司占地 79 英亩①。1973 年，USS 铅冶炼公司业务转换为二级冶炼，主要从废金属和旧汽车电池中回收铅。1985 年，该公司停止运营。USS 铅冶炼公司所产生的两种主要污染材料：①鼓风炉熔渣；②鼓风炉排放的含铅粉尘。鼓风炉熔渣存放于车间南侧，后散布到周围 21 英亩的湿地。而鼓风炉排放的含铅粉尘原本置于袋式过滤器中，存放在 3～5 英亩的地方以备未来回收利用。

1975—1985 年，USS 铅冶炼公司获得美国国家污染物排放淘汰制度（NPDES）许可，将冶炼炉的冷却水和雨水直接排入大卡柳梅特河。根据印第安纳州环境管理局（IDEM）的解释，USS 铅冶炼公司的多种物质排放超过了这一许可的标准。20 世纪 80 年代，相关州政府和联邦执法行动都开始反对该公司。1985 年 9 月，印第安纳州健康董事会（ISBH）在该公司厂址的下风口出发现铅污染，因此判定该公司违反州法律。

大约 400 万人赖以生存的密歇根湖位于 USS 铅冶炼公司污水排放处下游 15 英里②，大约有 7 500 人在该厂址附近 2 英里范围内上班或上学。

① 1 英亩=4 046.86 m^2。
② 1 英里=1.609 km。

1.3　美国政府相关对策及缺陷

1.3.1　EPA 对 USS 铅冶炼公司采取的措施

自 1985 年起，美国国家环保局（EPA）《资源保护与回收法》（RCRA）纠正行动开始关注 USS 铅冶炼公司范围内的铅污染问题。这些补救行动主要针对厂址附近的一处湿地。另外，EPA 对厂址北部住宅区土壤采样结果表明：东芝加哥市的部分居住区土壤铅含量较高。这一居住区大约有 1 500 家住户，少量公园、学校和公共建筑。

2009 年 9 月 4 日该场地被列入美国《国家优先目录》，美国“超级基金”项目对该地现状的描述见表 1。在其列入美国《国家优先目录》之后，2012 年 7 月 12 日 EPA 就 USS 铅冶炼公司的治理计划征集公众意见；2012 年 7 月 25 日，EPA 召开公开会议讨论污染治理的不同措施问题。

表 1　美国“超级基金”项目对西卡柳梅特住宅区现状的描述

Construction Complete？（建造完成与否）	No（未完成）
Human Exposure Status（人群受影响现状）	Not Under Control（不受控制）
Contaminated Ground Water Status（受污染的地表水现状）	Insufficient Data（数据不足）
Site-Wide Ready for Anticipate Use？（场地是否已经可以用于预期用途）	No（不能）

注：资料来源于美国国家环境保护局官方网站，2016 年。

2016 年 9 月 23 日，就该地区铅污染问题，EPA 与住宅区居民召开会议介绍当前情况。

1.3.2　东芝加哥市政府采取的措施

东芝加哥市作为地方政府，其在事件爆发后也相继采取了局部行动。东芝加哥市政府于 2016 年 8 月在其官方网站上发布《东芝加哥市土壤污染情况说明书》[①]。

在西卡柳梅特居民和当地社会组织的努力下，2016 年 11 月 2 日东芝加哥市

① 美国印第安纳州东芝加哥市政府网站，2016-10-15，http://www.eastchicago.com/page10/page86/page72/index.html。

住房局（ECHA）与当地组织就居民搬迁问题达成协议。协议规定：西卡柳梅特住宅区上千名居民搬离时间推迟到 2017 年 3 月 31 日；2016 年 7 月 22 日至 2017 年 3 月 31 日居民的房租住房局承担。东芝加哥市住房局官员表示："我们会尽力保证住宅区居民搬离铅污染住宅，而且要保证他们不能再住进其他有铅污染的房屋。"①

1.3.3 其他政府机构采取的措施

美国疾病控制和预防中心（CDC）是美国卫生及公共服务部的下属机构，主要职责是为保护公众健康和安全提供可靠的资料，通过与国家卫生部门及其他组织的伙伴关系，以增进健康的决策，促进公民健康。该中心下属的有毒物质和疾病注册局（ATSDR）主要负责评估公民健康，检测潜在的污染危险，并为美国国家环保局等其他机构下一步行动指明方向。

有毒物质和疾病注册局在其 2011 年 1 月对 USS 铅冶炼场地的评估报告中指出，他们通过检测报告得出了"四个重要结论"，其中一条是"在 USS 铅冶炼场地附近呼吸空气、饮用水龙头的水以及在附近土地上玩耍不会损害人的健康"。[1]该报告指出，受 USS 铅冶炼工业污染场地附近儿童接受血铅检查的比例接近 100%。而事实上，2005—2016 年的 11 年间，东芝加哥市儿童血铅检查的年度平均比例只有 5%～20%[2]。

1.4 铅污染危机发展动向

东芝加哥市西卡柳梅特住宅区爆发的铅污染危机在美国引起了广泛的社会关注。这一事件不仅与美国历史遗留场地污染治理有关，在事件处理过程中市政府的相关行动还被冠以"种族歧视"。随着上千名居民搬迁，以及美国国家环保局在该区域检测工作的开展，事件发展越来越复杂。截至 2016 年 11 月，部分居民和社会组织已经向法院提起诉讼（表 2），被告涉及范围较广，主要包括东芝加哥市市政府、美国国家环保局、东芝加哥市住房局、相关污染公司等。法院尚未立案审查。

① Lauren Cross: Civil rights deal gives East Chicago residents more time to move.

表 2 “东芝加哥市西卡柳梅特住宅区铅污染事件”诉讼情况

序号	原告	被告	诉讼理由	法院	进展情况
1	250 名住宅区居民（包括曾经住在这里的居民）	东芝加哥市政府	隐瞒住宅区铅污染事实	地方法院	尚未立案
2	住宅区所有居民	杜邦公司（DuPont）和大西洋富田公司（ARCO）	污染排放	联邦法院	已提交诉讼
3	住宅区内非洲裔居民	东芝加哥市市政府	种族歧视	联邦法院（联邦阶层行动诉讼）	已提交诉讼
4	住宅区居民	13 个被告：东芝加哥市政府、东芝加哥市市长 Anthony Copeland、东芝加哥市住房局及其局长 Tia Cauley、英国石油公司（BP）、大西洋富田公司（ARCO）、杜邦公司（DuPont），以及其他应该对该区域铅污染负责的公司	隐瞒污染事实，企业排放污染，居民被强制驱离	美国印第安纳州哈蒙德地方法院	已提交诉讼
5	一位母亲和她的四个孩子	东芝加哥市政府、东芝加哥市市长 Anthony Copeland、英国石油公司（BP）、大西洋富田公司（ARCO）和杜邦公司（DuPont）	隐瞒污染事实，企业排放污染	美国印第安纳州哈蒙德地方法院	已提交诉讼

在东芝加哥市，除了西卡柳梅特住宅区，其附近的两个住宅区共计 6 000 名居民也受到铅污染影响，但未被强制撤离。美国国家环保局已经制定了清理方案，同时指出这两个住宅区污染程度不如西卡柳梅特住宅区高。目前，这两个住宅区的居民还未提起诉讼申请。

2 美国历史遗留污染场地治理相关规定

对于污染场地治理问题，美国相关法律、制度及政策主要包括：《资源保护与回收法》（RCRA）、《综合环境反应、补偿和责任法》（CERCLA，《超级基金法》）。由于场地污染往往还涉及公民损害赔偿问题，因此美国环境公益诉讼制度在其中有重要地位。

2.1 《资源保护与回收法》相关规定

美国《资源保护与回收法》（RCRA）给予 EPA“从摇篮到坟墓”全程控制有害废物的权力，包括其生产、运输、处理、储存及清理。EPA 设有资源保护和回收办公室（ORCR），致力于通过确保国家对有害废物和无害废物的有效管理以保护民众和环境。

《资源保护与回收法》共包括 10 个部分，其中第三部分关于有害废弃物管理，第四部分关于无害废弃物管理。该法案规定，EPA 授权各州代替联邦政府落实有害废弃物管理的相关规定，并为有害污染物的制造者、运输方和处理等制定了相关标准。法案第四部分是有关无害废弃物管理的规定：法案禁止废弃物的露天倾弃，并为城市垃圾、工业垃圾填埋场的管理设立了最低联邦标准。各州在落实这些规定中发挥主导作用，并可以指定更严格的要求。若州政府没有通过该规定，则废弃物设施必须达到联邦标准。

2.2 《超级基金法》相关规定

美国《超级基金法》是应对和管理历史遗留污染场地问题的主要法律。

1980 年美国国会通过第 P.L.96-510 号法案，即《综合环境反应、补偿与责任法》。该法案是受到“美国拉夫运河填埋场地污染事件”推动而出台的。该法案后经过 1986 年《超级基金修订和补充法案》、1996 年《财产保存、贷方责任及抵押保险保护法》、2000 年《超级基金回收平衡法》、2002 年《小规模企业责任减免和棕色地带复兴法》等多次修订，才形成最终法案。

美国《超级基金法》有 4 项最基本的法律制度[3]：①信息收集和分析：跟踪和及时了解全国污染场地状况，确定清理优先顺序；②反应权限授予联邦政府：赋予联邦政府强大的实施反应行动（清除、修复）的权力，州政府只起到配合作用；③“超级基金”制度：创设“危险物质信托基金”，即“超级基金”，为联邦政府的反应行动和污染场地的清理提供资金支持；④严厉的环境责任制度：以污染者付费的原则为基础，溯及既往的效力，严格责任和共同侵权时连带责任。

《超级基金法》第 107 条规定，危险物质释放或释放威胁的责任人应该承担的费用包括以下 3 个方面。

（1）由联邦政府、州政府或印第安部落采取的不违反《国家应急计划》的清除、修复行动所产生的所有费用。

（2）他人符合《国家应急计划》的行动所引起的任何其他必要反应费用；因自然资源伤害、破坏或灭失而产生的损害赔偿金，包括合理的评估费用。

（3）根据《超级基金法》第 104 条（i）款进行的健康评估费用或健康影响研究费用以及以上各部分费用的利息。

对于危险物质释放所造成的全部损害来说《超级基金法》只是用来处理其中的反应费用、自然资源损害赔偿、公众健康评估研究费用 3 种涉及公共利益的情况，不适用于因危险物质释放或释放威胁而使私人主体遭受的财产损害、人身损害和精神损害等。对于上述损害，受害人只能通过其他法律诸如州制定法或普通法寻求补偿和进行索赔。

2.3 美国环境公益诉讼制度

美国环境公益诉讼在其法律制度中被称为公民诉讼（Citizen Suits），起源于 20 世纪 70 年代的环境运动。美国环境公益诉讼制度主要包括 1970 年的《清洁空气法》，1972 年《清洁水法》《噪声控制法》和《海洋倾废法》，1973 年的《濒危物种法》，1976 年的《安全饮用水法》和《资源保护与修复法》，1977 年的《有毒物质控制法》等相关法律中有关公民诉讼的条款，以及《联邦地区民事诉讼规则》（第 17 条：原告和被告，当事人能力）。

美国环境公益诉讼中原告起诉资格逐步放宽，要求原告受到“事实上的损害”便可起诉，但也需要指出其与案件的利益相关度。美国环境公益诉讼包括两类：一是针对排污者的公民诉讼，二是针对行机关的公民诉讼。针对行政机关的环境公益诉讼一般都是针对负有环境义务的行政机关的不作为的诉讼。因被告不同，环境公益诉讼的管辖法院也有所差异：第一类环境公益诉讼案件由被告污染者的污染所在地的地方法院管辖，第二类环境公益诉讼案件由哥伦比亚特区的巡回法院管辖。

美国环境公益诉讼制度有两个重要的特点：一是 60 日前告知义务，即为避免公民诉讼干扰相关机关正常工作执法，公民在向法院提起诉讼前 60 天告知要起诉的行政机关；二是诉讼费用问题，为了鼓励公民积极参与环境公益诉讼，环境公益诉讼制度规定法院可以将原告的诉讼费用判以被告承担。

2.4 中美历史遗留场地污染对比

结合东芝加哥市爆发的历史遗留铅污染事件的发展以及美国近年来集中爆发的各类历史遗留污染问题，可以看出历史遗留场地污染是各国经历快速工业化的必然结果。中国当前处于经济转型时期，对比中美在场地污染和历史遗留污染方面的制度特点对于中国未来解决大面积爆发的场地污染问题有积极借鉴意义。

2.4.1 中美历史遗留场地污染相似点

中美两国历史遗留场地污染存在诸多相似点，主要包括：

（1）快速工业化产物。历史遗留的场地污染一般发生于国家快速工业化时期或经济起步时期。美国 20 世纪 30—90 年代铅冶炼行业兴盛，许多地区因此受到铅污染。中国 20 世纪 70 年代之后经济迅速崛起，钢铁、冶炼、化学品等行业迅速发展，大量的工业场地污染随之发生。

（2）工业化土地污染再利用环评工作不到位。2012 年 4 月，《今日美国》在对曾经开办过铅工厂的多个地区受污染的土地进行调查后，发布一个名为“幽灵工厂”的系列报道。他们说环保局并未对此采取行动。为回应该报道，美国国家环保局已联合各州开始调查 2001 年名单上的大多数工厂旧址。同样，中国也存在工业化污染土地再利用环评问题。

（3）公民参与在历史遗留场地污染中起重要作用。美国有比较完备的环境公益诉讼制度，公民个人或社会组织可以直接起诉造成污染的公司以及负有环境责任的政府部门。公民诉讼是美国历史遗留场地污染治理的重要推动力之一。在中国近年来发生的场地污染问题中公民参与度也逐渐提高。

2.4.2 与美国相比，中国相关法律体系相对不够完善

无论是土壤污染治理法律，还是环境诉讼相关法律，中国目前都还处于起步阶段，整体体系尚不完备。

中国《土壤污染防治法》通过之前，土壤环境保护的法规仍分散于《环境保

护法》《固体废物污染环境防治法》等其他相关法律法规中。2016 年 5 月 28 日，国务院印发了《土壤污染防治行动计划》（以下简称《土十条》）。自从 1995 年制定发布中国第一个《土壤环境质量标准》以来，迄今为止，已颁布实施的土壤环境保护相关标准近 50 项，初步形成了土壤环境保护标准体系，主要由五大类标准组成（表 3）。

表 3　中国土壤环境保护标准体系

土壤环境质量标准和评价标准	《土壤环境质量　农用地土壤污染风险管控标准（试行）》（GB 15618—2018）
	《土壤环境质量　建设用地土壤污染风险管控标准（试行）》（GB 36600—2018）
	《食用农产品产地环境质量评价标准》（HJ 332—2006）
	《温室蔬菜产地环境质量评价标准》（HJ 333—2006）
	《展览会用地土壤环境质量评价标准（暂行）》（HJ 350—2007）
技术导则类标准	《土壤环境监测技术规范》（HJ/T 166—2004）
	《场地环境调查技术导则》（HJ 25.1—2014）
	《污染场地土壤修复技术导则》（HJ 25.4—2014）
土壤污染物分析方法类标准	包括土壤和沉积物中砷、汞、铬、铜、锌、镍、铅、镉、硒、铋、锑、铍、氰化物和总氰化物、丙烯醛、丙烯腈、乙腈、挥发性有机物、挥发性芳香烃、挥发性卤代烃、酚类化合物、多氯联苯、多环芳烃、有机磷农药、六六六和滴滴涕、二噁英类等污染物的分析方法
土壤污染控制类标准	《农用污泥中污染物控制标准》（GB 4284—1984）
	《城镇垃圾农用控制标准》（GB 8172—1987）
	《农用粉煤灰中污染物控制标准》（GB 8173—1987）
	《农用灌溉水质标准》（GB 5084—1992）（修订中）
基础类标准	《土壤质量　词汇》（GB/T 18834—2002）
	《污染场地术语》（HJ 682—2014）

此外，中国目前已有类似环境公益诉讼的规定，但是不够明确也尚未形成制度。《中华人民共和国环境保护法》[①]中第六条、第十一条和第五十七条内容均有涉及环境公益诉讼内容。

① 《中华人民共和国环境保护法》（2014 年）中第六条规定：一切单位和个人都有保护环境的义务。第十一条规定：对保护和改善环境有显著成绩的单位和个人，由人民政府给予奖励。第五十七条规定：公民、法人和其他组织发现任何单位和个人有污染环境和破坏生态行为的，有权向环境保护主管部门或者其他负有环境保护监督管理职责的部门举报。

3 “东芝加哥市铅污染事件”对中国的启示

3.1 铅污染事件责任主体及未来发展方向

从整体事件发展分析，“东芝加哥市铅污染事件”的责任主体主要包括以下几个。

（1）USS 铅冶炼公司：从 20 世纪初开始，USS 铅冶炼公司对该地区造成了大量的铅等重金属污染。该公司已经破产，并且曾向美国“超级基金”缴纳税款，后续场地的反应费用、自然资源损害赔偿、公众健康评估研究费用将由“超级基金”支付。

（2）英国石油公司、杜邦公司、大西洋富田公司等其他污染排放公司。原有的 USS 铅冶炼厂址现归大西洋富田公司（属于英国石油公司）所有，此处附近还有杜邦公司的杀虫剂工厂。2014 年，大西洋富田公司和杜邦公司同意向美国国家环保局支付 2 600 万美元用于清理该区域污染。但是其并为对当地居民做出任何赔偿。

（3）东芝加哥市政府。在提及该地区铅污染数据责任时，东芝加哥市政府与美国国家环保局互相推诿，但是东芝加哥市政府作为负有该地区环境责任的主管部门，其隐瞒土地污染事实，为开发商提供污染土地开发许可等违反了联邦法律。

（4）美国国家环保局。在 2011 年美国疾病预防控制中心（CDC）出具的有关 USS 铅冶炼公司场地污染报告的相关数据影响下，美国国家环保局同意了报告结论，但之后未在该地区采取污染物清理行动，也未告知当地居民相关事实。

（5）美国疾病预防控制中心有毒物质和疾病注册局。该单位受美国国家环保局委托对 USS 场地进行评估监测，监测结果直接影响了美国国家环保局决策。但其评估报告数据作假，造成严重后果。

目前，西卡柳梅特住宅区居民已经对以上各个责任方提起诉讼。原告方律师表示有的诉讼可能会长达几年才会得出结论。该案件涉及不仅涉及民事诉讼，还有行政诉讼，甚至还有种族歧视等其他方面的诉讼。

3.2 铅污染事件对中国的启示

美国东芝加哥市西卡柳梅特住宅区铅污染危机，因其涉及主体涵盖了当地政府、美国国家环保局、多个污染排放公司，而且受污染伤害严重的多位儿童，其影响范围比较大。整个事件的发生、发展及目前进入诉讼的过程对于中国处理历史遗留场地污染问题有很大的借鉴意义。

（1）建立我国历史遗留污染场地环境信息公开和公众参与制度

美国“东芝加哥市铅污染事件”的爆发是工业污染场地修复后再利用的问题，在这一过程中地方政府隐瞒部分事实、场地环境影响评估局部数据不足，公民的知情权没有得到保障。我国目前场地修复管理制度中尚未涉及场地修复的公众参与及信息公开制度。结合美国在此事件中的经验及我国现状，建议确认和细化公民环境知情权，建立我国历史遗留污染场地环境信息公开和公众参与制度，实现工业污染场地修复后再利用的环境影响评估数据公开透明。

（2）尽快推动设立中国版“超级基金”

纵观“东芝加哥市铅污染事件”始末，美国“超级基金”在其中发挥了重要作用。目前中国在土壤污染治理方面已经设立了部分法律法规，但分布仍较为零散。而且中国在历史遗留场地污染方面没有完整的系统化解决方案和法律法规体系。结合美国经验以及中国经济发展状况，未来几十年将会是中国历史遗留场地污染的集中爆发期，中国有必要尽快设立适合中国国情的“超级基金”以应对未来的污染事件。

（3）细化环境公益诉讼和环境损害赔偿制度，保护公民环境健康权益

美国的环境公益诉讼和环境健康损害赔偿没有指定专门立法，多是由多个法案不同条款以及实践中的判例组成。中国环保法中已经列出类似环境公益诉讼的条款，国家赔偿法中也有行政机关或其工作人员承担因其公职行为引起负面环境健康影响而承担赔偿责任的相关条款。建议我国结合当前立法发展，进一步细化环境公益诉讼制度和环境健康损害赔偿制度，保护公民环境健康权益。

参考文献

[1] ATSDR Public Health Assessment for U.S. Smelter and Lead Refinery，INC.（USS Lead）. pp. 16，http：//bit.ly/2dAYVOt.

[2] Joshua Schnever，M.B. Pell. As In Flint：Government Fails to Protect East Chicago Residents. Reuters，2016-09-28，http：//portside.org/2016-10-01/flint-government-fails-protect-east-chicago-residents.

[3] 贾峰. 美国超级基金法研究：历史遗留污染问题[M]. 北京：中国环境出版社，2015.

四、应高度重视加油站土壤环境安全风险构建防控体系[①]

随着汽车进入千家万户，我国加油站数量不断增加。随着加油站大量单层储油罐服役时间的增长，石油渗漏引起土壤毒化以及加油站地下储油罐隐患已到了集中爆发期。

目前我国对加油站的环境污染防治，只对油品挥发产生的大气污染有管理措施和标准规范，而对土壤和地下水的保护、污染防治则缺乏相应的规定。此外，我国对加油站的土壤和地下水环境污染调查、评估与治理也没有统一标准，并且缺乏强制性、指导性，很难指导处理加油站泄漏及废物外排过程中产生的对土壤和地下水的污染风险判断和污染治理问题。因此，重视加油站的土壤安全风险防控，加强相关法律法规和管理体系建设，尽快构建全面的安全管理体系，是一项迫在眉睫的重要任务。

1 我国加油站土壤环境安全及其监管体系的现状

1.1 加油站土壤环境存在安全风险

成品油泄漏以后，由于难溶于水，除一部分通过降解、挥发等途径被转移、去除和吸收，其余部分长期滞留于自然环境中，滞留时间从几年到几十年，污染人类赖以生存的土壤和地下水资源，破坏当地生态环境系统，威胁人类健康。生态环境部规定“从 2012 年起，新建、改建或扩建地下油罐应为双层油罐”。而根

① 本文作者：郑军。

据2012年市场调查显示，我国加油站大部分采用单层油罐，受腐蚀因素的影响，随着油罐服役时间的增长，加油站发生渗漏的可能性不断增大。石油含有苯系化合物、多环芳烃系的菲等有毒有害物质，进入人体内会致癌、致畸、致突变；进入地下水和土壤中难以降解，造成土壤和地下水污染。近年来，国内发生的加油站地下油罐渗漏导致的污染和事故日益频繁。如2014年贵州铜仁大兴高新区加油站泄漏、2006年江苏南京龙蟠路加油站泄漏、2006年常州三井加油站泄漏、2005年重庆某加油站泄漏。仅2013年，类似的加油站地下渗透引起污染的重大报道至少有11起，遍布湖南、福建、浙江、湖北等多个省份。据不完全统计，目前我国已有加油站15万余座，北京市加油站有1 000多座，上海市加油站的地下储罐有6 000余个，这其中建设于20世纪80年代的油罐已有多次泄漏，随着地下管道和储罐服役年龄增长，泄漏将不断增加[1]。中国15万座加油站日积月累渗漏所造成的生态灾害，比一次万吨油轮海难所带来的更大。由于并未开展相关的专项调查，加上相应专业监测手段的缺失，全国发生以及即将发生加油站油罐渗漏的数据至今仍然未知，我国加油站预防油品泄漏任务十分迫切。

据统计，目前加油站主要分布在市区等的商业和住宅等人口密集区域。随着城镇化进程和公路大发展，加油站数量呈现逐年增加的趋势。早在2007年，中国地质科学院一名研究员的调查就提出警示，在苏南地区的29个加油站调查样本中，超过七成存在渗漏。2012年前建成营运的加油站一旦管理不到位，极有可能在加油站区域存在土壤和地下水污染，这些有机污染物短期内大多都难以降解，如果不进行全面的调查，建立土壤安全档案和及时进行治理修复，污染物将会不断扩大范围，通过地下水、空气等介质进入人体，威胁人体健康。不仅如此，由于苏州地下水的水位比较浅，这些土壤污染还会随地下水迁移而扩散，由点及面，引起一个片区的土壤与地下水污染。

2016年2月苏州政府服务热线“苏州阳光便民”网“寒山闻钟”板块上，登载了苏州高新区新港名墅花园居民举报金星加油站的柴油泄漏，导致空气污染和土壤、地下水污染情况的案例。随着地下油罐和输油管线服役年龄的增加，加油站发生渗漏的可能性将更大，加油站地下储油罐对土壤和地下水的污染具有较强的隐蔽性，由于长期缺乏关注和有效保护，一旦发现泄漏事故迹象，往往已经蔓延到较大范围甚至造成严重污染，并对人体健康造成较大威胁。这类事故的发生，将会产生巨大的社会负面影响，对城市形象产生负面冲击，也是造成政府承担责任的重要方面。

1.2 防控加油站土壤安全风险的管理体系建设迫在眉睫

目前我国对加油站的环境污染防治，除了对油品挥发产生的大气污染具有相应的管理措施和标准规范，而对土壤和地下水的保护和污染防治缺乏相应的规定，只是在《成品油零售企业管理技术规范》（SB/T 10390—2004）中宏观地指出加油站的储油罐、加油机、油气管线等设备设施应完好，无渗漏、滴漏，防止污染地下水和土壤。

此外，我国对加油站的土壤和地下水环境污染调查、评估与治理也没有统一标准，且缺乏强制性、指导性的法规标准。2011 年环保部发布《污染场地土壤环境管理暂行办法》，规定场地用途变更和发生土壤污染事件需要进行场地环境评估并采取修复措施。由此，在我国一些主要城市率先对新建、改建及退役改变土地用途的加油站，通过国家环境影响评价和场地评估的手段，补充了对加油站土壤和地下水的管理控制。然而评估中所参考的分析评价标准大都还是沿用国家目前有限的土壤和地下水环境质量标准，很难指导处理加油站泄漏及废物外排过程中产生的，对土壤和地下水的污染风险判断和污染治理的问题。

例如，北京市环保局于 2011 年年底出台了《北京市场地土壤环境风险评价筛选值》（DB11/T 811—2011），并要求危险化学品的生产、储存、使用单位转产、停产、停业或者解散的，环境风险评估报告需要进行行政备案。这些举措对北京地区一些比较典型的具有危险化学品的污染场地起到了管理和控制污染的作用，但是对加油站场地污染风险的控制却并不直观。2015 年 9 月福建省出台的《福建省土壤污染防治办法》中提到“经营加油站应当采取措施防止因储油设备油品泄漏、废弃机油的倾倒以及加油中油品的挥发、遗撒、泄漏造成土壤污染”。但并未制定具体的标准和法规。

另外，目前只针对加油站油气回收制定了处罚条例，并未对加油站及其周边土壤和地下水污染制定法律法规。因此，为了构建全面的安全管理体系，当前需要将加强防控加油站的土壤安全风险的法律法规建设和管理体系建设作为一项迫在眉睫的重要任务，在充分调研和广泛论证基础上制定和完善科学严密的防控加油站土壤安全风险的地方性法律法规和管理办法。

2 发达国家加油站土壤环境安全风险防控的监管经验

欧美等发达国家从 20 世纪 70—80 年代起，就对加油站地下油罐渗漏问题有了认识，从早期的发现、调查、评估，到采取立法控制、后期处理，进而建立长期监控体系等阶段，经过 30 多年的不断努力，从法律、技术标准和环境监管等方面，建立了一套比较完善的加油站储油罐及其土壤环境风险监管体系。

2.1 不断完善加油站储油罐及其土壤环境安全的法律法规

欧美等发达国家针对加油站储油罐及其土壤环境安全具有完善的法律法规体系。美国对于加油站土壤和地下水的环境风险管理和控制的法规主要有：《资源保护和恢复法》（Resource Conservation and Recovery Act，RCRA）、《能源保护法》（Provisions of the Energy Policy Act of 2005）等。此外，1984 年和 2005 年，美国国会两次修改《固体废物处置法》，专门增加和强化了对加油站地下储罐的管理要求；制定了《地下储罐合规法》（Underground Storage Tank Compliance Act of 2005），加强了专门针对地下储油罐渗漏污染的专项保护规划。2012 年，美国国家环保局（EPA）又提出了进一步严格管理的新规定。荷兰、丹麦、德国、韩国和日本等国也先后在20世纪80年代至2000年制定了针对本国地下储油罐的环境监管相关法律。

2.2 设置专门的地下储罐环境风险管理机构，将地下储油罐安全管理纳入政府监管范围

对于加油站土壤和地下水的环境风险管理和控制，美国国家环保局设有专门的地下储罐管理机构（Office of Underground Storage Tank，OUST）进行行业环境监管，将地下储油罐安全管理纳入美国政府监管范围。这是由于美国大部分加油站的地下储罐都存在石油产品泄漏问题。1989—1990 年，美国约有 200 万个地下储油罐，其中被证实发生渗漏的有 9 万个。截至 2001 年美国有超

过 44 万个地下储油罐被确认发生渗漏。如果根据风险评估结果判断加油站场地区域内的土壤和地下水已经污染，按照“谁污染、谁治理”的原则，要求有关责任方负责承担土壤和地下水的治理任务，并偿还由此带来的罚款和其他补偿。无法判断污染责任方时，则由土地所有者或利益相关方共同来为场地污染买单，联邦政府或州政府的各级管理者有权对治理过程和修复效果进行司法监督和干预。

2.3 多种资金途径确保储油罐泄漏事故的污染清除和土壤修复

美国根据《资源保护和恢复法》（RCRA），地下储罐的所有者应对其储罐泄漏问题负有主要责任。美国国家环保局或州政府也会出资进行储罐泄漏的清除工作，然后再向污染责任方索取清除或治理费用的补偿，但是污染责任方或者地下储罐所有者需要提供一系列的资产证明，证明其有足够的经济实力支付储罐泄漏污染清除或治理的全部花费，一般都是提供信用证明、商业保险和其他证明文件。另外一种资金来源是依靠美国国家环保局认可的国家保险基金，如“地下储罐泄漏信用基金”（Leaking Underground Storage Tank Trust Fund，LUST）[2]，但是这些基金大多数情况下会优先支付那些找不到污染责任方，或者地下储罐所有者没有能力、不愿或不能支付清除费用的情况。这些国家保险基金主要来自公众日常缴纳的燃油税，以及储罐所有者或使用者缴纳的储罐登记费。

2.4 企业层面，世界各大石油公司建立了专门的健康、安全、保障、环境（HSSE）管理体系

在执行层面上，世界各大石油公司都拥有专门的 HSSE（健康、安全、保障、环境）管理体系，对土壤和地下水污染风险控制有专门的技术管理部门和技术标准支撑。例如，世界第二大石油公司荷兰皇家壳牌集团，该公司拥有《全球环境调查服务标准》（Standard for Global Environmental Site Investigation Services）和《Tier 1、2 风险评估标准》（Generic Tier 1 & 2 Soil & Groundwater Risk Assessment Framework for Downstream）等[3]，针对环境调查和质量控制的环境标准就有几十个条目录。埃克森美孚公司、雪佛龙公司、康菲公司等国际石油巨头都同样拥有公司内部的环境管理体系，对土壤和地下水污染预防、调查和控制均具有

完善的体系标准，并持续研发漏油封堵系统，以便能快速应对未来可能发生的漏油危机。

2.5 石油公司注重开展加油站本底基础数据的调查，以此作为土地环境质量追溯的法律依据

欧美的石油公司在进行新建、改建、扩建加油站以及出让或改变加油站场地用途等商业交易时，需要针对加油站所在区域场地的土壤和地下水质量情况进行记录，以此作为土地环境质量追溯的法律依据。特别是对油罐区附近以及加油站上下游范围内的土壤和地下水质量进行本底调查，如果根据可参考的标准判断存在污染风险，则需要立即进行风险评估，风险评估的结果会作为石油公司在进行加油站场地商业交易过程中控制其企业环境风险的依据，这也是从基于风险的角度来管理土地交易过程中的污染问题的解决思路。

3 加强我国加油站土壤环境安全风险防控体系建设的建议

当前我国土壤和地下水中，石油类污染物已广泛被检出。虽然我国现有的约15万座加油站建设时间相对较晚，渗漏情况可能不如西方一些发达国家严重，但我国漏油引发的污染事故已时有发生。并且我国尚未专门对加油站场地的渗漏污染方面进行调查和研究，对加油站渗漏污染情况的了解存在许多空白，随着时间增长，若不提前做好防范和调查工作，后期激增的加油站将对生态环境和公民健康造成严重威胁。为确保加油站土壤和地下水安全，通过借鉴国外监管经验，提出对策和建议如下。

3.1 加强加油站的土壤环境安全风险防控体系建设

从欧美发达国家的经验来看，加油站地下储罐的一系列管理措施的实施，是在系统的法律法规、管理条例和技术标准的支撑下建立起来的。而我国目前尚缺乏专门针对石油污染物造成土壤和地下水的法律法规，特别是针对加油站地下储罐的法律法规。建议下一步将加油站场地污染、土壤和地下水评估及治理工作纳入国家宏观规划范畴，由环保等相关部门尽快统一制定一系列法规和管理办法，

尽快使得加油站土壤环境安全损害评估及赔偿有法可依、有规可循。

3.2　组织开展加油站土壤环境安全专项调查，建立系统的档案和管理规范

“十三五”期间，建议选取一批时间较长、泄漏风险较大的加油站，开展加油站土壤污染情况摸底调查工作，并对现有的加油站以及加油站上下游一定范围内的土壤和地下水质量开展本底调查，同时提交相关管理部门备案，以建立加油站的土壤及地下水环境质量档案。此外，建议选取加油站土壤环境安全风险高发地区，进行土壤污染防控体系建设试点工作，逐步加强实现全面加油站土壤本底调查和有效监测。

3.3　对加油站土壤环境安全实行分类指导和管理，根据环境风险的大小决定治理行动的轻重缓急

根据调查结果，将加油站进行分类，并制定土壤污染环境风险控制方案。对于有轻微污染的区域，明确污染产生的源头，采取合理措施控制污染产生的风险。要求加油站责任单位进行土壤与地下水污染治理与修复等，经修复达标后才能恢复运营，依照“谁污染、谁治理”的原则，将土壤与地下水环境保护的责任明确给加油站责任人，而不是政府来兜底。对污染严重且还在扩散并难以修复的区域，环保部门联合公安局环境支队等进行联合执法，考虑将该加油站搬迁或关停，并按照“谁污染、谁治理”的原则，由污染产生单位出资采取措施防止污染扩散。

3.4　加强石化销售企业的环境安全意识，强化环境责任的可追溯性，建立基于风险的污染场地管理模式

建议尽快出台相关规定，要求在进行新建、改建、扩建加油站以及出让或改变加油站场地用途等商业交易时，需要针对加油站所在区域场地的土壤和地下水质量情况进行调查和记录，同时在环保部门进行备案，建立土壤质量信息数据库和区域土壤档案。石化销售企业在新建加油站之前，除了按照地方标准要求进行相应的环境影响评价和地下水监测井的设置，还需要考虑到环境责任的可追溯性，对加油站使用的历史情况进行调查，必要时需对土壤和地下水现状质量进行采样

分析调查，以判定加油站交易过程中的环境责任，并且查明是否存在潜在污染问题。

参考文献

[1] 李巨峰，张坤峰，李羽中. 加油站埋地储油罐油品渗漏防控技术进展[A]//2012 中国石油石化健康、安全、环保技术交流大会[C]，2012.

[2] 童莉，梁鹏，朱秋颖，等. 加油站储罐泄漏地下水污染防治对策[J]. 环境影响评价，2014（3）：18-20.

[3] 李娟，丁爱中，王永强. 加油站土壤和地下水环境风险控制与管理的国际经验及启示[J]. 中外能源，2012，17（10）：86-92.